FORSCHUNGSBERICHTE DES LANDES NORDRHEIN-WESTFALEN

Nr. 1644

Herausgegeben

im Auftrage des Ministerpräsidenten Dr. Franz Meyers

von Staatssekretär Professor Dr. h. c. Dr. E. h. Leo Brandt

Dipl.-Ing. Ralf Fangmeier
Dr. phil. Wolfgang Wepner

Max-Planck-Institut für Eisenforschung, Düsseldorf

Versuchseinrichtung und Versuche zur Erholung eines austenitischen Stahles nach plastischer Verformung bei 4,2° K

Springer Fachmedien Wiesbaden GmbH

ISBN 978-3-663-06611-8 ISBN 978-3-663-07524-0 (eBook)
DOI 10.1007/978-3-663-07524-0

Verlags-Nr. 2011644

Ursprünglich erschienen bei Westdeutscher Verlag, Köln und Opladen 1966.

Inhalt

I. Einleitung

Verschiedene metallkundliche und metallphysikalische Untersuchungen über Werkstoffeigenschaften bei sehr tiefen Temperaturen erfordern eine Einrichtung, die es erlaubt, Proben bei dieser Temperatur plastisch zu verformen, sie bei einer gewünschten Temperatur auszulagern und elektrische Messungen vorzunehmen.
Auf diesem Wege lassen sich nicht nur Aussagen über das Festigkeits- und Bruchverhalten von Werkstoffen bei tiefer Temperatur gewinnen, man hat auch die Möglichkeit, die Vorgänge der Kristallerholung nach plastischer Verformung in diesem Temperaturbereich zu studieren. Von den verschiedenen Erholungsstufen der Metalle treten einige bei niedriger Temperatur auf; durch entsprechende Messungen, die die bei gewöhnlicher oder höherer Temperatur festgestellten Ergebnisse ergänzen, erhält man erst einen vollständigen Überblick über die Einzelvorgänge, die unter den Begriff der Erholung fallen.
Der Bau einer hierfür geeigneten Verformungsapparatur stellt einige konstruktive Aufgaben, die sich aus zum Teil einander entgegenlaufenden Forderungen ergeben, die an die Einrichtung zu stellen sind. Die erforderliche sehr tiefe Temperatur wird durch flüssiges Helium erreicht, das eine recht geringe Verdampfungswärme hat. Man muß daher die Wärmezufuhr von außen möglichst niedrig halten. Das bedingt schlecht wärmeleitende Werkstoffe und geringe Querschnitte für alle Bauteile, die das Heliumbad berühren. Dem steht aber entgegen, daß Bauelemente, die zum Übertragen der Kraft auf die Probe dienen oder das Widerlager halten, eine gewisse Festigkeit und damit einigen Querschnitt haben müssen. Die Masse des Teils der Apparatur, der sich unter Helium befindet, muß durch Verdampfen von Helium abgekühlt werden; sie ist daher so niedrig wie mit den Festigkeitsanforderungen verträglich zu wählen.
Das Arbeiten mit flüssigem Helium erfordert einen vakuumdichten Kryostaten. Meßleitungen und die beweglichen Teile der Kraftübertragung sind also von außen vakuumdicht in das Innere zu führen.
Nachstehend wird über eine derartige Versuchseinrichtung und über Messungen besonders der Erholung nach plastischer Verformung eines austenitischen Stahls berichtet.

II. Versuchseinrichtung

a) Allgemeines

An die Versuchseinrichtung waren folgende wesentlichen Forderungen zu stellen: Sie sollte ermöglichen

1. Verformen ungefähr 100 mm langer Flach- und Rundproben unter flüssigem Helium bei reiner Zugbeanspruchung,
2. Messen des elektrischen Widerstandes der Proben im Kryostaten,
3. Auslagern bei einer beliebigen Temperatur zwischen 4,2° K (flüssiges Helium unter Normaldruck) und Raumtemperatur,
4. Bestimmen der Temperatur bei der Auslagerung,
5. Messen der während des Verformens auftretenden Zugkraft.

Im Prinzip besteht ein Helium-Kryostat aus zwei ineinandergestellten, mit Deckel versehenen Dewar-Gefäßen. Das innere enthält das flüssige Helium und die Meßeinrichtungen, das äußere wird mit flüssigem Stickstoff gefüllt und hält dadurch einen wesentlichen Teil der von außen zuströmenden Wärme dem Helium fern. Der Deckel des Helium-Dewars muß dieses vakuumdicht abschließen; ebenso ist bei allen Durchführungen in den Heilium-Teil auf Dichtigkeit zu achten.

Bei größeren Kryostaten und besonders, wenn mechanische Kräfte übertragen werden sollen, ist es zweckmäßig, die im Helium-Dewar untergebrachten Teile, die Deckel, Rohre, Leitungen und äußeren Maschinenelemente, fest miteinander vereinigt, in einem Gestell unterzubringen und die Dewar-Gefäße nach Vorbereitung des Versuches von unten darüberzuschieben. Das bedingt natürlich eine gewisse Bauhöhe.

b) Äußerer Aufbau (Abb. 1–3)

Ein kräftiges Gestell aus Winkeleisen trägt oben eine Deckplatte (Nr. 1, Abb. 2) mit dem Getriebe (2) für die Zugspindel (3). Der Antriebsmotor ist auf einer davon getrennten Konsole an der Wand befestigt. Die Kraftübertragung auf das Getriebe erfolgt durch eine biegsame Welle aus starkem Gummischlauch, um die Motorschwingungen von der Versuchsapparatur fernzuhalten. Von der Deckplatte führen drei kräftige Druckstützen (4) nach unten durch den Deckel (5) des Stickstoff-Dewars zum Mittelstück (6), das als Deckel des Helium-Dewars ausgebildet ist. Durch das Mittelstück führen das Rohr (7) zum Einfüllen des Heliums, die Rohre für die elektrischen Leitungen usw., und die Zugstange (8) mit

Abb. 1 Gesamtansicht der Versuchseinrichtung
Gestell des Kryostaten mit Stickstoffdewar, davor liegend das Helium-Dewar, auf dem Tisch daneben Temperaturregelung für Auslagerungsversuche, davor Kompensator mit Nullinstrument

der oberen Probeneinspannung (9). Am Mittelstück sind drei Druckstäbe (10) aus dünnwandigem Rohr befestigt, die das Widerlager (11) für die untere Probeneinspannung (12) tragen.

Das Stickstoff-Dewar (13), das zusammen mit seiner Füllung einiges Gewicht hat, steht auf einer Plattform, die sich, in zwei Kugelführungen gleitend, senkrecht heben und senken läßt und über zwei Rollenketten von einem Gegengewicht gehalten wird.

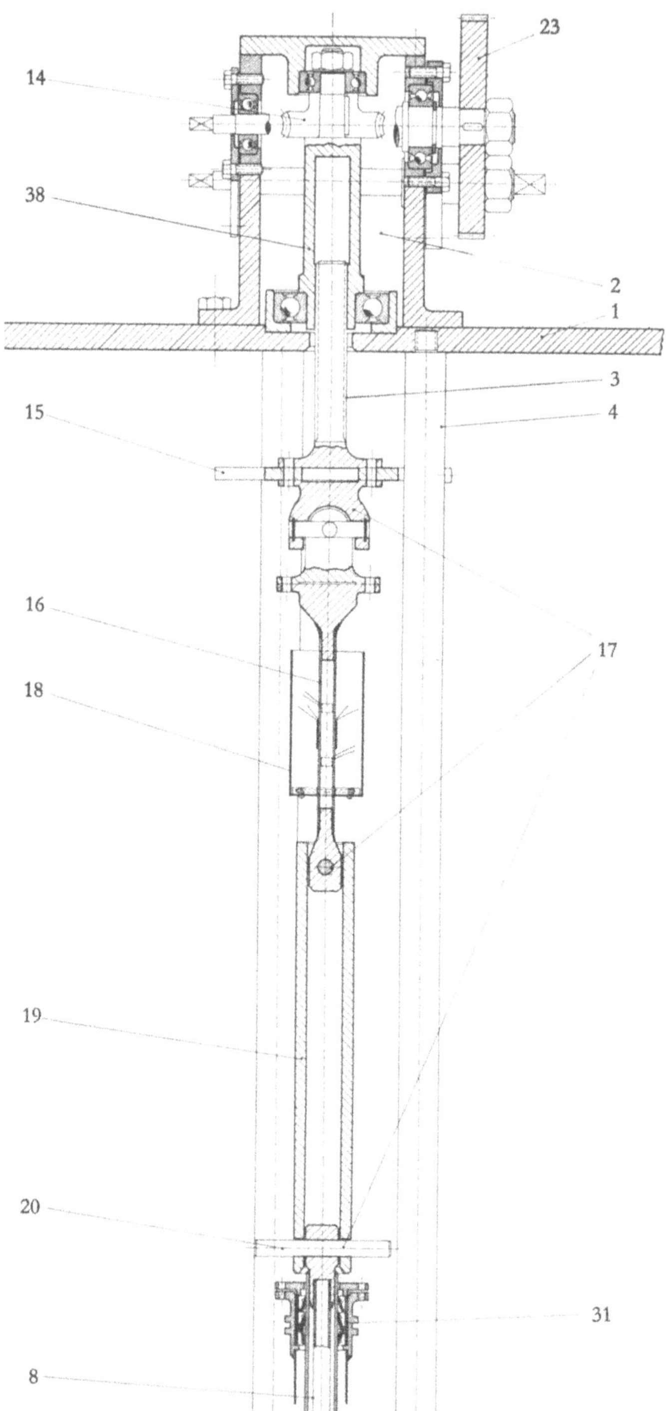

Abb. 2 Aufbau des Kryostaten, links oberer, rechts unterer Teil
1. Deckplatte, 2. Getriebe, 3. Zugspindel, 4. Druckstützen, 5. Deckel des Stickstoffdewars, 6. Mittelstück, 7. Helium-Einfüllrohr, 8. Zugstange, 9. Obere Probeneinspannung, 10. Druckstäbe, 11. Widerlager, 12. Untere Probeneinspannung, 13. Stickstoffdewar, 14. Schneckengetriebe, 15. Scheibe zur Geradeführung, 16. Kraftmeßglied, 17. Kardanische Lagerung, 18. Behälter

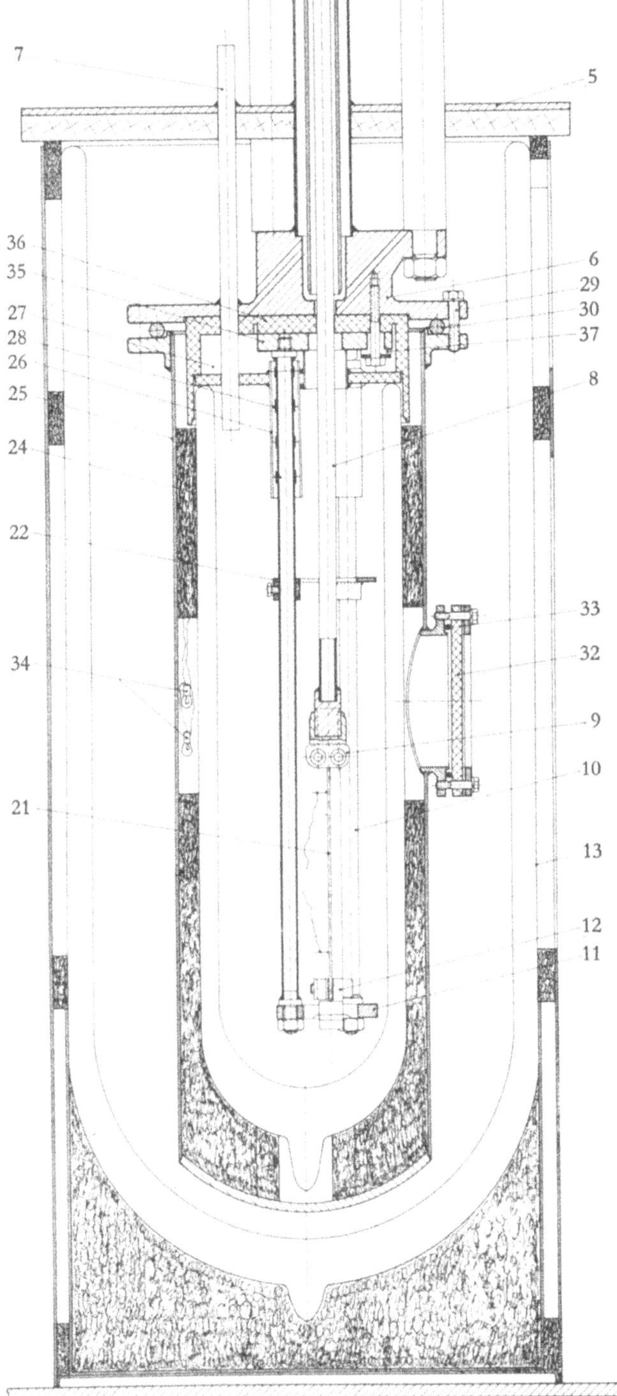

für Kraftmeßglied, 19. Kupplungsrohr mit Längs- und Querschlitzen, 20. Querstab der Kupplung, 21. Probe, 22. Zwischenstück, 23. Wechselrädergetriebe, 24. Heliumdewar, 25. Messingbehälter für Heliumdewar, 26. Helium-Abführrohre, 27. Vorkammer, 28. Prallbleche, 29. Befestigungsschrauben, 30. Teflon-O-Ring, 31. Simmerring, 32. Plexiglasfenster, 33. Teflon-Dichtung zu 32., 34. Glühlampen, 35. Druckscheibe, 36. Teflonscheibe, 37. Teflon-Isolierscheiben

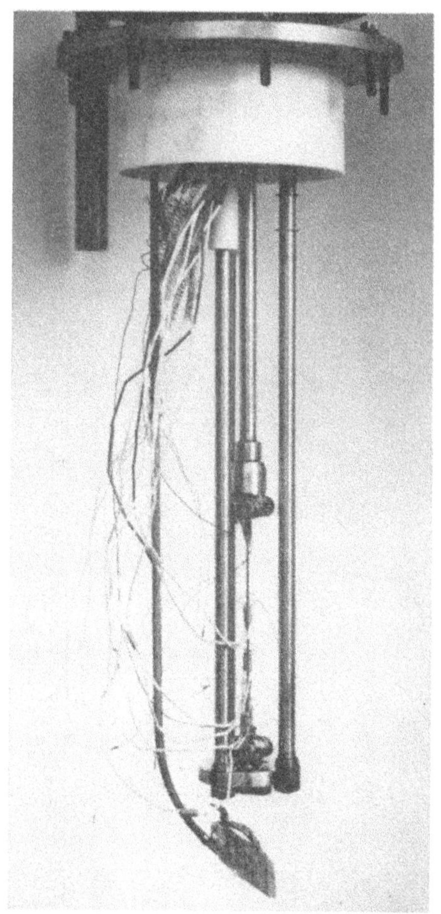

Abb. 3 Verformungseinrichtung des Kryostaten:
a) Mitte oben das Kupplungsrohr 19, darunter Deckel des Stickstoffdewars 5, Rohrdurchführungen, Mittelstück 6 (mit Schrauben), das zugleich Deckel des Heliumdewars ist, Druckstäbe 10
b) Druckstäbe 10, von denen einer in Heliumgas-Abführrohr 26 führt; vom rechten Druckstab ist das Abführrohr entfernt, so daß die Prallbleche 28 sichtbar sind; in der Mitte Probeneinspannungen mit Probe; unten Heizung für Heliumbad

c) Die Verformungseinrichtung

Die Verformungseinrichtung besteht aus den schon erwähnten Druckstäben aus Rohr (10) mit Widerlager (11) und der Zugstange (8). Die Kraft wird auf folgendem Wege übertragen: Im Getriebekasten (2) befindet sich eine Zugspindel (3), deren Mutter (38) durch ein Schneckengetriebe (14) angetrieben wird. Es folgt eine Scheibe (15), die verhindert, daß die Zugstange die Drehung der Antriebsmutter mitmacht. Sie ist dazu mit drei Einfräsungen versehen, durch die die drei starken Druckstangen (4) hindurchführen. Kleine Rollen aus Kugellagern ermöglichen eine weitgehend reibungsfreie vertikale Verschiebung der Scheibe auf den Druckstangen.

Daran schließt das Kraftmeßglied (16) an, das aus einem Rohr von 10 mm Durchmesser und 1 mm Wandstärke aus 18/8-Stahl besteht, der mit Dehnungsmeßstreifen beklebt ist. Es wurden zwei längs- und zwei querliegende (Ausgleich bei Temperaturschwankungen) Streifen angebracht, die als Vollbrücke geschaltet sind. Das Rohr ist an beiden Enden kardanisch gelagert (17), damit es nur Zugkräfte und keine Biegemomente aufnimmt. Zum Schutz vor plötzlichen Temperaturschwankungen, die durch kalte Luftströmungen aus dem Stickstoffbad eintreten können, ist das Kraftmeßglied in einen zylindrischen Behälter (18) eingeschlossen.

Unter dem Kraftmeßglied liegt ein mit Längs- und kürzeren Querschlitzen versehenes Rohr (19), in dem sich die Zugstange (8) auf und ab bewegen läßt. Diese trägt am oberen Ende einen Querstab (20) aus Rundmaterial und läßt sich dadurch in verschiedenen Stellungen mit dem geschlitzten Rohr nach Art eines Bajonettverschlusses kuppeln.

Während der Dehnung der Probe ist die Zugstange in der tiefsten Stellung angekuppelt. Nach Ende der Verformung und nach Entlastung wird die Zugstange durch Verschieben des Querstabes (20) im unteren Querschlitz um 90° gedreht. Sie nimmt dabei die Probe (21) und den daran hängenden unteren Einspannkopf (12) mit, der hierdurch aus dem Widerlager (11) ausgekuppelt wird. Nun läßt sich die Zugstange samt Probe und Einspannkopf nach oben verschieben und, wenn die Probe über dem Heliumspiegel hängt, wieder im geschlitzten Rohr verriegeln. Diese Einrichtung ist erforderlich, da aus konstruktiven Gründen nicht die gesamte Zugeinrichtung einen so großen Hub erhalten konnte.

In der Stellung oberhalb des Heliumbades befindet sich die Probe während der Auslagerung. Die beiden Einspannköpfe sind mit Heizwicklungen aus Thermocoax-Heizleiter versehen.

Die Auflageflächen vom unteren Einspannkopf und Widerlager sind kugelig ausgeführt. Die obere Einspannung ist ebenfalls drehbar, damit nur Zug auf die Probe übertragen wird.

d) Auslegung der Verformungseinrichtung

Der Konstruktion wurde eine maximale Zugkraft von 400 kp zugrunde gelegt. Die kritischsten Teile sind die Druckstäbe (10) im Heliumteil. Sie tragen wesentlich zur Wärmezufuhr zum Heliumbad bei und sollen daher möglichst geringen Querschnitt haben. Ihre Länge ist konstruktiv vorgegeben; damit sie unter dem Druck des Widerlagers nicht knicken, ist ein gewisser Querschnitt erforderlich. Wegen des günstigen Verhältnisses von Widerstandsmoment gegen Biegung zu Querschnitt wurden Rohre gewählt, und zwar aus Remanit, das bei tiefer Temperatur eine geringe Wärmeleitfähigkeit besitzt. Die Durchrechnung auf Knickung ergab, daß 10 mm Durchmesser und 1 mm Wandstärke ausreichen. Als zusätzliche Sicherung gegen Knickung wurde auf halber Länge ein Zwischenstück (22) angebracht, das die Rohre miteinander verbindet.

Der maximale Dehnweg beträgt 60 mm. Endschalter verhindern das Beschädigen der Maschine durch Überschreiten der oberen oder unteren Endstellung. Eine Sicherung gegen Überlastung wird durch einen Scherstift in der Flanschverbindung der Motorwelle erreicht.

Die Verformungsgeschwindigkeit läßt sich in 20 Stufen von 0,059 bis 17,2 mm/min, also über ein Verhältnis von rd. 1 : 300 verändern. Erreicht wird das mit Hilfe von zwei Vorgelegegetrieben des Motors und einem Wechselrädergetriebe (23).

e) Wärmeisolation

Das Heliumgefäß besteht aus einem versilberten, mit Sichtstreifen versehenen Dewar (24) aus heliumundurchlässigem Geräteglas, das, in Glaswolle eingebettet, in einem Messingbehälter (25) steckt. Es kann vakuumdicht an den Deckel (6) angeflanscht werden. Bei der gewählten Ausführung wird dieser Deckel von außen mit Stickstoff überflutet, was sehr zur Wärmeisolation beiträgt.

Die nicht unbeträchtliche Kälteleistung des verdampften Heliumgases wird zur Vorkühlung der Druckstäbe (10) benutzt. Über deren oberen Teil sind Rohre (26) aus Teflon geschoben, die in eine Vorkammer (27) führen, die ihrerseits den Deckel gegen das Heliumbad abdeckt. Das entweichende kalte Heliumgas strömt durch diese Rohre an den Druckstäben vorbei, auf die durchlochte Prallbleche (28) aufgelötet sind, die eine gewisse Turbulenz und damit besseren Wärmeübergang von den Stäben an das Gas bewirken. Das Gas gelangt dann in die Vorkammer und von dort über das Abgasrohr in die Helium-Rückführung zum Auffangbehälter der Verflüssigungsanlage.

Außer dem Einfüllrohr (7) für das flüssige Helium, in das der Heber eingeführt wird, sind alle Rohre, die in den Helium-Teil führen, oberhalb des Deckels stufenförmig gebogen, um die Wärmezustrahlung von außen zu vermindern.

Das Helium-Dewar wurde so lang gewählt, daß es höchstens bis zur Hälfte gefüllt zu werden braucht. Die langen Wege für die Wärmeleitung von den auf Stickstoff- zu den auf Heliumtemperatur befindlichen Teilen längs der Glaswand und ebenso längs der Druckstäbe tragen zur Wärmeisolation bei.

Die Zuleitungsdrähte aus lackisoliertem Kupfer sind im oberen Teil zur Verlängerung des Weges spiralig aufgedreht; außerdem wurden ihre Querschnitte der großen elektrischen Leitfähigkeit des Kupfers bei tiefer Temperatur entsprechend gering gehalten.

Um die Menge flüssigen Heliums, die zur Abkühlung der Apparatur nötig ist, auf erträglichem Umfang zu halten, wurden einmal die Massen der im Versuchsraum untergebrachten Teile so gering wie möglich gehalten. Außerdem wird beim Versuch zunächst mit flüssigem Stickstoff vorgekühlt. Nach dem Vorkühlen wird der flüssige Stickstoff unter einen geringen Überdruck von gasförmigem Stickstoff aus einer Druckflasche gesetzt. Er verläßt dann den Kryostaten durch ein dünnwandiges Rohr, das bis auf den Boden des Versuchsraumes reicht. Die weitere Abkühlung von 77,4° K auf 4,2° K geschieht dann durch Überheben von flüssigem Helium.
Während des Zugversuches befinden sich 1,6–1,8 l Helium im Kryostaten. Beim Überheben und zur Abkühlung wurden weitere 0,9–1,2 l benötigt.
Die Verdampfungsrate des abgekühlten Kryostaten beträgt bei normalem Heliumstand im Dewar zwischen 0,1 und 0,2 l in der Stunde.

f) Vakuumdichtigkeit

Da das aus dem Kryostaten ausströmende Helium zurückgewonnen wird, darf es möglichst wenig mit Luft verunreinigt werden. Außerdem können Lufteinbrüche das Arbeiten der Dehneinrichtung stören und durch Niederschlag auf den Innenwänden des Dewars den Einblick durch die Sichtstreifen behindern. Vor Einfüllen des flüssigen Heliums wird der Kryostat deshalb evakuiert und mit Helium-Gas gefüllt. Vakuumdichtigkeit ist also erforderlich.
Der Messingbehälter (25) mit dem Helium-Dewar (24) wird mit acht Schrauben (29) am Deckel (6) befestigt. Zur Dichtung liegt ein O-Ring (30) aus Teflon dazwischen, der bei Stickstofftemperatur noch elastisch ist. Da Teflon bei der Abkühlung stark schrumpft, sind die Schrauben mit Federringen unterlegt.
Die Herausführung der Zugstange liegt oberhalb des Stickstoffspiegels. Die Dichtung erfolgt durch drei Simmerringe (31), deren Lippen abwechselnd nach oben und unten zeigen und auf der polierten Zugstange aufliegen. Die Ringe sind aus einem Werkstoff hergestellt, der bei — 70° C noch elastisch ist; tiefere Temperaturen treten an der Durchführungsstelle nicht auf.
Die Meßleitungen und sonstigen elektrischen Zuleitungen aus lackisoliertem Kupferdraht und die Thermoelement-Leitungen sind durch Rohre aus 18,8-Stahl geführt, die nach vorhergehender örtlicher Verkupferung an die Deckel angelötet sind. Die Rohrausgänge sind durch käufliche Metall-Glas-Durchführungen verschlossen, durch die die Leitungen nach außen geführt sind.

g) Optische Zugänglichkeit des Kryostaten

Um die Probe und den Stand des flüssigen Heliums während des Versuches beobachten zu können, wurde ein Einblick vorgesehen. In dem Messingbehälter (25), der das Helium-Dewar (24) enthält, ist ein Plexiglas-Fenster (32) angebracht, das mit einem O-Ring (33) aus Teflon abgedichtet ist. Das Dewar besitzt zwei

Sichtstreifen. Dem Fenster gegenüber, zwischen der Wand des Messingbehälters und dem Dewar, sind zwei parallel geschaltete Schwachstrom-Glühlampen (34) untergebracht, die das Innere des Kryostaten beleuchten. Der gelegentliche Ausfall einer Lampe während des Versuches stört nicht.
Das Stickstoff-Dewar besitzt ebenfalls Sichtstreifen. Es sitzt in einem Blechbehälter mit Sehschlitz, der zum Schutz im Falle eines Bruchs des Dewars mit einer Plexiglasscheibe verschlossen ist.

h) Sonstige Vorkehrungen

Die aus Rohren bestehenden Druckstäbe (10) im Kryostaten waren gegen die übrigen Metallteile elektrisch zu isolieren, um auch durch die eingespannte Probe Strom leiten zu können. Die Druckstäbe sind oben an einer Druckscheibe (35) befestigt, die sich auf eine Teflonscheibe (36) abstützt. Die Druckscheibe ist durch drei Schrauben, deren Köpfe zur Isolation mit Teflonscheiben (37) unterlegt sind, am stählernen Kryostatendeckel (6) befestigt.
Zur Verhütung von Korrosion durch die unvermeidliche Vereisung und Schwitzwasserbildung wurden korrosionsbeständige Werkstoffe verwendet, Stahlteile verkupfert und vernickelt oder cadmiert.

III. Werkstoff, Wärmebehandlung und Vorbereitung der Proben

Untersucht wurden Drahtproben von 1,5 mm Durchmesser und etwa 120 mm Länge. Das Probenmaterial lag kaltgezogen vor. Es war ein austenitischer Stahl SX 12 CrNi 2520, Werkstoffnummer 4842. Die Analyse ergab: 0,19% C, 0,72% Si, 1,92% Mn, 20,8% Ni, 25,0% Cr. Der hohe Chrom- und Nickelgehalt garantiert, daß dieser Stahl auch bei der Temperatur des flüssigen Heliums und unter zusätzlichem Einfluß einer Verformung austenitisch bleibt. Ein weniger stabiler Austenit würde unter Umständen teilweise in Martensit umwandeln, was den spezifischen elektrischen Widerstand beeinflussen und die Verformbarkeit bei Helium-Temperatur verschlechtern würde und deshalb unerwünscht ist. Die Proben wurden ½ Stunde bei 850°C unter trockenem Reinstargon geglüht und sehr langsam abgekühlt, um die von der Herstellung herrührenden Punktfehler und Versetzungen zu beseitigen.

Um die Drahtproben in die Zugapparatur einspannen zu können, ohne daß Kerbspannungen an ihnen auftreten, wurden sie an den Enden in Gewindebolzen aus Stahl hart eingelötet, die mit einer entsprechenden Längsbohrung versehen waren. Weicheinlöten der Drahtproben hat sich nicht bewährt, weil der Lötzinn bei den hohen Scherspannungen nachgibt. Die Gewindebolzen passen in das Innengewinde der Klemmbacken der Zugapparatur, so daß mit geringen Klemmkräften große Zugkräfte übertragen werden können.

Zur Messung des Spannungsabfalls an der Probe wurden an den Probenenden kurze Potentialabgriffdrähtchen aus Chromnickelstahl angepunktet, an die dann die Kupferleitungen zum Kompensator weich angelötet wurden. Die durch den kurzen Stromstoß beim Anpunkten auftretende Überhitzung der Probe an der Punktstelle führt nur selten zum Bruch der Probe bei der Verformung. Weich angelötete Potentialdrähtchen lösten sich häufig während der Verformung.

Die Thermoelementdrähtchen aus Kupfer und Konstantan wurden ebenfalls an die Probe angepunktet, und zwar die Schenkel einzeln an gegenüberliegenden Stellen der Probe. Sie wird die wahre Temperatur der Probe an dieser Stelle am zuverlässigsten gemessen, weil die Probe selbst jetzt praktisch die »Lötstelle« des Thermoelementes ist. Beim Punkten wurde der Strom so gering wie gerade noch möglich eingestellt, um die örtliche Überhitzung der Probe möglichst gering zu halten.

IV. Widerstandsmessung

Der elektrische Widerstand der Probe im flüssigen Helium (Restwiderstand) wurde folgendermaßen gemessen (s. Abb. 4):
Eine 2-V-Batterie mit großer Kapazität und äußerst geringem Spannungsabfall bei Belastung dient als Stromquelle für den Meßkreis. Der Spannungsabfall U an der Probe zwischen den Potentialabgriffen wird mit einem thermospannungsfreien Präzisionskompensator gemessen. Der in der Probe fließende Strom wird durch die Messung des Spannungsabfalls U_N an einem im Meßkreis befindlichen Normalwiderstand R_N ebenfalls mit dem Kompensator bestimmt. Der Normalwiderstand (0,01 Ω) wurde so ausgewählt, daß er von der Größenordnung des Probenwiderstandes ist: es kann dann im gleichen Meßbereich des Kompensators sowohl Strom wie Spannung bestimmt werden. Der Strom wurde < 1 A gehalten, weil bei höherer Belastung die Batteriespannung nicht über die Meßzeit konstant blieb und – allerdings erst bei Strömen > 5 A – die Verdampfungsrate des flüssigen Heliums störend zunimmt. Aus diesem Grunde ist ein zusätzlicher Widerstand R von 8 Ω in den Meßkreis geschaltet, der den Strom auf etwa 0,25 A reduziert (Probenwiderstand + Normalwiderstand $< 0{,}05\ \Omega$). Dieser Widerstand besteht aus lackiertem Mangan-Draht und befindet sich in einem Dewargefäß unter flüssigem Stickstoff, damit sein Wert nicht von Temperaturschwankungen beeinflußt wird. Es wurde immer zuerst die Spannung, dann der Strom und nochmals die Spannung gemessen und zwischen den beiden Spannungswerten gemittelt. Dann wurde die Stromrichtung umgekehrt, der Kompensator mit den eingebauten Polwender umgepolt und die Messung wiederholt. Zwischen beiden Messungen wurde gemittelt. So wurden sämtliche Thermokräfte eliminiert.

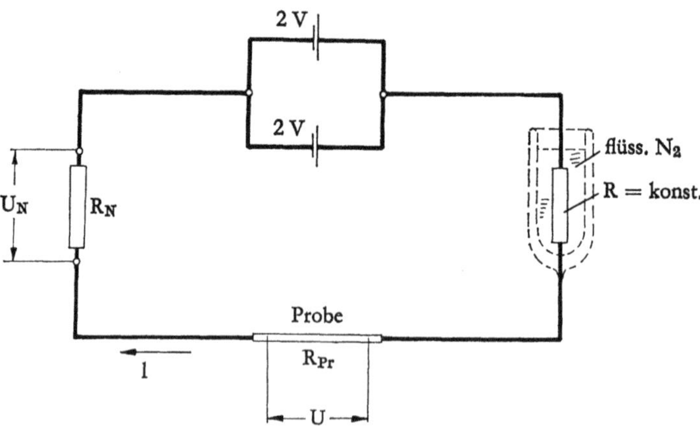

Abb. 4 Schaltskizze für Widerstandsmessung

Fehler:

1. Laut Bedienungsanweisung des *Kompensators* beträgt der Meßfehler bei Berücksichtigung des Temperaturfehlers des Normalwiderstandes (mittels Prüfprotokoll) $\pm$ 0,0025%, vorausgesetzt, der Kompensator befindet sich auf 20°C.

2. Dazu addiert sich der Ablesefehler:

$$R = \frac{U}{J} \rightarrow R = \frac{U \cdot R_N}{U_N} \text{ mit } J = \frac{U_N}{R_N}$$

wobei:

R der gesuchte Widerstand der Probe

U der mit dem Kompensator gemessene Spannungsabfall an der Probe

R_N der Normalwiderstand

U_N der mit dem Kompensator gemessene Spannungsabfall am Normalwiderstand

J Strom im Meßkreis

ist.

$$\left(\frac{\Delta R}{R}\right)_{\max} = \frac{\Delta U}{U} + \frac{\Delta R_N}{R_N} + \frac{\Delta U_N}{U_N}$$

$$\left[= \frac{2 \cdot 10^{-7}}{10{,}7 \cdot 10^{-3}} + \frac{2 \cdot 10^{-7}}{10^{-2}} + \frac{2 \cdot 10^{-7}}{1{,}8 \cdot 10^{-3}}\right]$$

wobei die Ablesefehler am Nullinstrument des Kompensators ΔU und ΔU_N zu $\pm$ 2 · 10⁻⁷ V bestimmt wurden, und die Abweichung des Normalwiderstandes vom Sollwert laut Prüfprotokoll zwischen 15 und 30°C $\Delta R_N = -2 \cdot 10^{-7}\,\Omega$ aufgenommen wurde.

$$\left(\frac{\Delta R}{R}\right)_{\max} = 2 \cdot 10^{-5} + 2 \cdot 10^{-5} + 1{,}1 \cdot 10^{-4} = 0{,}015\%$$

3. Weil die *Thermospannungen* innerhalb des Meßkreises und der Zuleitungen zum Kompensator stark schwanken, kann man zunächst nicht sicher sagen, daß ihr Einfluß beim Mitteln über beide Messungen verschwindet, weil ein Zeitraum von ca. 5 min zwischen beiden Messungen liegt, in welcher Zeit die Thermospannungen sich schon wieder geändert haben können.

Untersuchungen über die *Reproduzierbarkeit* der Meßwerte ergaben Abweichungen von maximal 0,012%. In diesen Streuwert gehen die Ablesefehler und die Fehler durch die Thermokräfte mit ein. Vergleicht man diesen Wert mit dem errechneten maximalen Ablesefehler, so wird hinreichend klar, daß der Fehler durch Thermokräfte klein sein muß gegen den Ablesefehler.

4. Fehler durch *Temperaturabweichungen der Probe* während der Widerstandsmessung sind nicht möglich, weil die Probe sich jedesmal im flüssigen Helium befindet, das bei Atmosphärendruck siedet.

5. Fehler durch den *Spannungsabfall der Batterie* unter Belastung entstehen nicht, weil bei der Messung die Reihenfolge Spannung, Strom, Spannung eingehalten und zwischen den Spannungswerten gemittelt wurde. (Meist waren die beiden Spannungswerte gleich.)

Der *Gesamtfehler* bei der Widerstandsmessung besteht also im wesentlichen aus dem Ablesefehler. Der maximale Gesamtfehler wird zu 0,02% angenommen. Dieser Fehler bedeutet einen *maximalen Absolutfehler* von $3{,}2 \cdot 10^{-2} \cdot 2 \cdot 10^{-4} = 6{,}4 \cdot 10^{-6}\,\Omega$. Alle Werte $\Delta\varrho$ beziehen sich auf den Wert unmittelbar nach der Verformung. Nimmt man nun für den ungünstigsten Fall an, daß der Fehler nicht in die gleiche Richtung wirkt wie der Fehler bei der Bezugsmessung, so ergibt sich $\Delta R = 2 \cdot 6{,}4 \cdot 10^{-6} \approx 1{,}3 \cdot 10^{-5}\,\Omega$ und $\Delta(\Delta\varrho) = 2{,}58 \cdot 10^{-3} \cdot 1{,}3 \cdot 10^{-5} \approx \pm\, 0{,}33 \cdot 10^{-7}\,\Omega$ cm.

V. Auslagerung der Proben

Die Auslagerung bei stufenweise erhöhten Temperaturen geht folgendermaßen vor sich: Die Probe wird samt den Einspannköpfen durch eine Drehung um 90° aus dem unteren Widerlager befreit und aus dem flüssigen Helium in den oberen Teil des Kryostaten hochgezogen. Die Aufheizung auf die gewünschte Auslagerungstemperatur wird dadurch vorgenommen, daß man einen Wechselstrom von maximal 20 A durch die Probe schickt, die infolge der entstehenden JOULEschen Wärme sehr schnell die gewünschte Temperatur annimmt. Die Temperatur wird durch ein in der Mitte auf die Probe gepunktetes Thermoelement festgestellt. Die der gewünschten Temperatur entsprechende Thermospannung wird auf dem Kompensator eingestellt und die Heizleistung über einen durch die Lichtmarke des Nullinstrumentes gesteuerten photoelektrischen Regler unterbrochen, sobald die Solltemperatur erreicht ist. Das durch die Wärmeabgabe einer kleinen Widerstandsheizung im flüssigen Helium verdampfende kalte Gas kühlt die Probe wieder ab. Probenheizstrom und verdampfendes Heliumgas halten die Probe bei der Solltemperatur im Gleichgewicht.

Die Solltemperatur wird auf diese Weise aber nur im mittleren Teil der Probe erreicht. Wegen der großen Massen der kalten Einspannköpfe bleiben die Probenenden kälter als die Probenmitte, das untere Probenende in besonders starkem Maße, weil es dicht über dem Helium-Spiegel liegt. Um den so entstehenden Temperaturfehler zu beseitigen, wurden die Klemmbacken der Spannköpfe mit elektrischen Hochleistungs-Widerstandsheizungen (Thermocoax-Heizleiter der Firma Elektro-Spezial) ausgerüstet. An die Probenenden wurden ebenfalls Thermoelemente angepunktet, die über einen Fallbügelregler die Klemmbackenheizungen regeln. Auf diese Weise können die Temperaturabweichungen über die Probe kleiner als $\pm$ 4°K gehalten werden. Die Probe nur über die Klemmbackenheizungen zu heizen, ist wegen der schlechten Wärmeleitung des austenitischen Stahles bei tiefen Temperaturen (bei 4,2°K $\sim$ 0,002 W/cm °K) (bei 100°K $\sim$ 0,1 W/cm °K) ohne große Temperaturabweichungen nicht möglich. Die Wärmeleitung des untersuchten Stahls ist bei 4,2°K um den Faktor 35 000 und bei 100°K um den Faktor 50 geringer als die von Kupfer.

Die Temperaturkonstanz des mittleren Thermoelementes beträgt $\pm$ 1°K. Dieser günstige Wert wird erreicht, indem nicht einfach ein- und ausgeschaltet wird, sondern indem zwischen einem hohen und einem niedrigeren Strom geregelt wird. Die Temperaturschwankungen werden dadurch wesentlich geglättet. Die Temperaturregelung an den Probenenden ist wegen der Trägheit der Fallbügelregler nicht ganz so günstig. Die Schwankungen dort betragen $\pm$ 4°K, wie oben erwähnt.

Dazu addiert sich der Fehler durch die Aufheiz- und Abkühlzeiten, die so klein wie möglich gehalten werden durch anfänglich große Heizströme, die kurz vor Erreichen des Sollwertes verkleinert werden, damit der Sollwert durch die Trägheit der Regelstrecke nicht zu sehr überschritten wird. Die Aufheizzeit von Heliumtemperatur bis auf eine Solltemperatur von beispielsweise 173°K beträgt weniger als 15 sec. Die Abkühlgeschwindigkeit am Ende der Auslagerung ist höher. Es ist dabei zu bedenken, daß nur das Durchlaufen der Temperaturen kurz unter der Solltemperatur einen Einfluß auf die Widerstandserholung bei der Solltemperatur hat. Die bei niedrigeren Temperaturen möglichen Erholungsvorgänge sind bei früheren Auslagerungen schon abgelaufen. Bei Auslagerungszeiten von 23 min spielen die Aufheiz- und Abkühlungsfehler ebenso wie Fehler in der Auslagerungszeit, die leicht kleiner als 5 sec gehalten werden können, gegenüber dem Fehler durch Temperaturschwankungen längs der Probe kaum eine Rolle.

Nicht vergessen werden soll der Eichfehler des Kupfer–Konstantan-Thermopaares. Er wird auf maximal $\pm$ 3°K geschätzt. Weil die Eichkurve aber aus einem glatten Kurvenzug besteht, ist dieser Fehler mehr oder weniger »systematisch«. Jedenfalls verfälscht er die Form der Erholungskurve nicht.

Es ist also mit einem Fehler $< \pm$ 4°K zu rechnen, wobei der bei weitem größte Teil der Probe die Temperaturabweichungen der Probenenden von $\pm$ 4°K

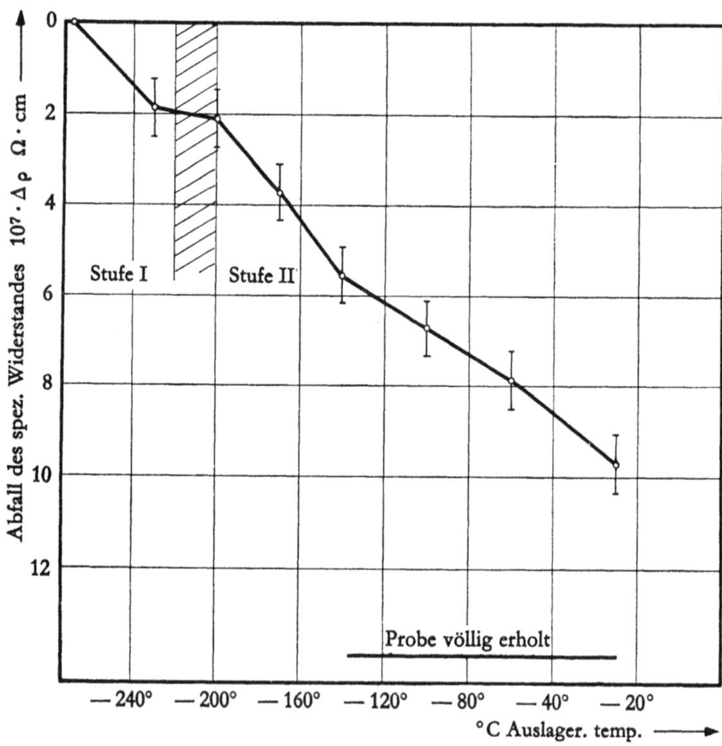

Abb. 5 Ergebnis der Erholungsversuche

nicht mitmacht. Ein Fehler von $\pm 4^\circ$K bringt einen maximalen Fehler von $\Delta(\Delta\varrho) = \pm 0{,}3 \cdot 10^{-7}\,\Omega$ cm.

Zusammengefaßt mit dem maximal möglichen Fehler bei der Widerstandsmessung ergibt sich also ein maximaler Fehler der einzelnen Meßpunkte der Erholungskurven von $\Delta(\Delta\varrho)_{ges} = \pm 0{,}63 \cdot 10^{-7}\,\Omega$ cm.

Es wurde die Widerstandserholung über den Temperaturbereich von 4,2 bis 273° K untersucht, mit dem Schwergewicht auf den Untersuchungen zwischen 4,2 und 100° K. In dem einigermaßen kontinuierlichen Abfall des Restwiderstandes mit steigenden Auslagerungstemperaturen zeichnet sich unterhalb 45° K schwach eine Erholungsstufe ab. Sie beträgt ungefähr 16% der gesamten Widerstandsänderung (Abb. 5). Oberhalb 70° K beginnt die nächste Erholungsstufe. Bei 4,2° K spielt sich überhaupt keine Erholung ab: unmittelbar nach der Verformung gemessene Werte im Vergleich mit nach zweistündiger Auslagerung unter flüssigem Helium gemessenen Werten ergaben keine Widerstandserniedrigung. Es besteht allerdings die Möglichkeit, daß während der Verformung schon eine schwache Ausheilung bei 4,2° K abläuft.

Nach 20stündiger Auslagerung bei Raumtemperatur waren die Proben zu etwa 70% ausgeheilt. Eine Glühung von 1 Std. bei 900° C unter Wasserstoff ergab eine völlige Ausheilung.

VI. Bestimmung der Aktivierungsenergie nach C. J. Meechan und J. A. Brinkmann und Fehlerabschätzung

Die Aktivierungsenergie wurde nach obigen Autoren folgendermaßen bestimmt: Von zwei gleichen Proben (bezüglich chemischer Zusammensetzung, Wärmebehandlung, Geometrie, Verformungsgrad) wird die erste bei stufenweise steigenden Temperaturen isochron ausgelagert. Nach jeder Stufe wird der Restwiderstand bei Helium-Temperatur gemessen. Der Widerstand der zweiten Probe wird nach Auslagerung bei einer gleichbleibenden Temperatur in demselben Erholungsgebiet in Abhängigkeit von der Zeit gemessen. Die Autoren leiten die Gleichung

$$\ln(\tau_i - \tau_{i-1}) \approx C - \frac{Q}{k} \cdot \frac{1}{T_i}$$

ab.

Dabei ist T_i die Auslagerungstemperatur einer Stufe der ersten Probe und τ_i die Zeit, die die zweite Probe braucht, um die gleiche Widerstandserholung nach der Verformung zu erfahren wie die ersten Probe am Ende dieser Stufe. Q ist die Aktivierungsenergie für den Erholungsprozeß und k die Boltzmannkonstante.

Trägt man $\ln(\tau_i - \tau_{i-1})$ über $1/T_i$ auf, so ergibt sich im Falle einer einzigen Aktivierungsenergie für den Erholungsbereich eine Gerade, deren Steigung gleich Q/k ist. Mit der Boltzmannkonstante k ergibt sich Q.

Die Aktivierungsenergie für den Erholungsvorgang unter 45°K wurde nach diesem Verfahren zu 0,07 eV bestimmt.

Fehlerabschätzung

Es ergibt sich bei Berücksichtigung der am ungünstigsten liegenden Meßwerte ein Gesamtfehler von $\pm$ 0,02 eV.

Der Gesamtfehler setzt sich zusammen aus den Fehlern bei Widerstandsmessung und Auslagerung der ersten Probe, aus den Fehlern bei Widerstandsmessung und Auslagerung der zweiten Probe und aus dem Fehler, der dadurch entsteht, daß Probe 1 und Probe 2 nicht identisch sind in bezug auf chemische Zusammensetzung, Wärmebehandlung, Geometrie und Verformung. Unter Berücksichtigung dieser Einflußgrößen wurde ein möglicher Fehler von $\pm$ 0,03 eV errechnet.

VII. Diskussion der Erholungsversuche

Die Erholungsvorgänge in reinem Kupfer zwischen 35 und 45°K mit einer Aktivierungsenergie von ~ 0,1 eV werden von VAN BUEREN [1] in Stufe I zusammengefaßt. Diese Stufe I wurde deutlich ausgeprägt bisher nur in bestrahlten reinen Metallen gefunden. Nach Verformung bei Helium-Temperatur fand man im allgemeinen bei reinen Metallen keine oder eine kaum meßbare Erholung in Stufe I [1, 2, 3, 4, 5].

C. J. MEECHAN und A. SOSIN [6] finden dagegen bei ihren Messungen an sehr reinem Kupfer, Gold und Nickel eine schwache Erholung in dem Temperaturbereich der Stufe I nach Verformung. Diese Stufe I ist aber um mehr als eine Größenordnung kleiner als bei Bestrahlung [7, 8, 9] der gleichen Metalle. Sie beträgt nur etwa 2% der durch die Verformung bewirkten Erhöhung des spezifischen Widerstandes. O. BUCK [10] findet bei einem Kupfer-Einkristall bei Temperaturen < 80°K in einem von ihm nicht genau interpretierten, nicht reproduzierbaren Sonderfall die Stufe I mit einem Anteil $\Delta\varrho$ von etwa 4% der möglichen Gesamterholung. Bei einer weiteren Kupfer-Einkristallprobe findet BUCK [10] einen Anteil $\Delta\varrho$ von etwa 1,8% der möglichen Gesamterholung. Bei polykristallinen Cu-Proben wird der Effekt jedoch geringer [10]. A. S. APPLETON und M. B. BEVER [11] berichten über eine starke Erholungsstufe im Temperaturbereich unter 78°K an einer Gold-Silber-Legierung, die sie mikrokalorimetrisch untersuchten. In dieser Stufe werden fast zwei Drittel der insgesamt bei der Verformung gespeicherten Energie frei.

Der von uns gemessene Effekt tritt ebenfalls entschieden deutlicher als der Effekt bei der Verformung von reinen Metallen in Erscheinung. Immerhin liegt hier eine Erholung von etwa 16% der möglichen Gesamerholung vor. Man kann den Effekt nicht den Meßfehlern zuschreiben. Er läßt sich ebensowenig auf Ausscheidungsvorgänge (z. B. des Kohlenstoffs) zurückführen, weil bei diesen niedrigen Temperaturen diffusionsgesteuerte Vorgänge unmöglich erscheinen.

Nach SEEGER [4] wird eine Erholung in diesem Temperaturbereich mit der Rekombination von sehr nahe benachbarten Frenkel-Paaren zu erklären versucht. Nach einer Bestrahlung ist die Konzentration solcher Frenkel-Paare um Größenordnungen höher als nach einer Verformung bei Heliumtemperatur. Bei der Verformung ist infolge der statistischen Verteilung von Leerstellen und Zwischengitteratomen die Wahrscheinlichkeit der Entstehung sehr dicht benachbarter Frenkel-Paare gering. Die Konzentration an Zwischengitteratomen ist in unserem Probenmaterial aber um Zehnerpotenzen höher wegen Kohlenstoff-, Stickstoff- und anderer Fremdatome, die auf Zwischengitterplätzen sitzen. Also wird auch die Wahrscheinlichkeit um Zehnerpotenzen größer, daß sehr dicht benachbarte Paare aus Leerstellen und Zwischengitteratomen entstehen. Die gemessene sehr geringe Aktivierungsenergie von $0{,}07 \pm 0{,}03$ eV müßte genügen, ein solches Zwischengitteratom in die sehr dicht benachbarte Leerstelle springen zu lassen. Dieser Versuch der Deutung des gemessenen Effektes bedarf zur Erhärtung sicher noch weiterer Untersuchungen.

VIII. Änderungen des spezifischen Widerstandes des austenitischen Probenmaterials bei tiefen Temperaturen

Legierungen haben in der Regel einen entschieden höheren Widerstand als ihre Legierungsbestandteile und einen niedrigeren Temperaturkoeffizienten des Widerstandes. So ergab sich bei unserem austenitischen Probenmaterial ein spezifischer Widerstand bei 20°C von $9{,}245 \cdot 10^{-5}\,\Omega$ cm, wogegen die Werte für reines Eisen $= 1 \cdot 10^{-5}\,\Omega$ cm, Chrom $0{,}28 \cdot 10^{-5}\,\Omega$ cm, und Nickel $0{,}91 \cdot 10^{-5}$ Ω cm betragen.

Als Widerstandsverhältnis bei verschiedenen Temperaturen ergab sich $\frac{\varrho\ 77{,}4^\circ\mathrm{K}}{\varrho\ 293^\circ\mathrm{K}} = 0{,}831 \pm 0{,}005$, $\frac{\varrho\ 4{,}2^\circ\mathrm{K}}{\varrho\ 293^\circ\mathrm{K}} = 0{,}794 \pm 0{,}005$ und $\frac{\varrho\ 4{,}2^\circ\mathrm{K}}{\varrho\ 77{,}4^\circ\mathrm{K}} = 0{,}957 \pm 0{,}0005$.
Das letzte Verhältnis kann mit so großer Genauigkeit angegeben werden, weil hier die Temperaturen leicht über die Probe konstant gehalten werden können, während das bei Raumtemperatur nicht so leicht möglich ist. Aus dem hohen Wert und der großen Genauigkeit des letzten Widerstandsverhältnisses $\frac{\varrho\ 4{,}2^\circ\mathrm{K}}{\varrho\ 77{,}4^\circ\mathrm{K}}$ wird deutlich, daß man die Erholungsvorgänge über 77,4°K mit großer Genauigkeit mit Hilfe von Widerstandsmessungen im flüssigen Stickstoff und Auslagerungen in der Stickstoffatmosphäre über dem flüssigen Stickstoff bei Benutzung der gleichen Versuchsapparatur untersuchen kann.
Bei Reinsteisen ist der Temperaturkoeffizient des elektrischen Widerstandes viel größer. So hat WEPNER [12] die Formel $10^2 \cdot \frac{\varrho\ 4{,}2^\circ\mathrm{K}}{\varrho\ 273^\circ\mathrm{K}} = (2{,}00 \pm 0{,}09) + (144{,}8 \pm 11{,}4) \cdot (\%\ \mathrm{C})$ angegeben und bei einem 99,99%igen Reinstseisen mit 0,002% C den Wert $\frac{\varrho\ 4{,}2^\circ\mathrm{K}}{\varrho\ 273^\circ\mathrm{K}}$ zu 0,023 bestimmt. Das Verhältnis $\frac{\varrho\ 77{,}4^\circ\mathrm{K}}{\varrho\ 273^\circ\mathrm{K}}$ ergibt sich nach WEPNER zu 0,089. MEISSNER (Ann. Physik (5) 17, S. 593, 1933) gibt für ein wohl noch reineres Eisen die Verhältnisse $\frac{\varrho\ 78{,}2^\circ\mathrm{K}}{\varrho\ 273{,}2^\circ\mathrm{K}} = 0{,}00620$ an.
Nach S. ARAJS und R. V. COLVIN [13] beträgt für Eisen der Reinheit 99,992% $\frac{\varrho\ 4{,}2}{\varrho\ 298} = 0{,}00376$, woraus sich ergibt $\frac{\varrho\ 4{,}2}{\varrho\ 273{,}2} = 0{,}00429$.

IX. Mechanische Eigenschaften

Streckgrenze σ_F *und Zugfestigkeit* σ_B sind temperaturabhängig. So steigt die Streckgrenze von 37 kp/mm² bei 20° C auf 91 kp/mm² bei — 195,8° C, der Temperatur des siedenden Stickstoffs, und auf 122 kp/mm² bei — 269° C, der Temperatur des siedenden Heliums.

Die Zugfestigkeit steigt von 90 kp/mm² bei Raumtemperatur, auf 143 kp/mm² bei Stickstofftemperatur und 153 kp/mm² bei Heliumtemperatur.

Die *maximale Dehnung* fällt von 30% bei Raumtemperatur auf 21% bei Stickstoff- und 12% bei Heliumtemperatur. Die Verformungsgeschwindigkeit betrug jeweils 1%/min. Die Proben blieben auch bei einem Verformungsgrad von 12% bei Heliumtemperatur rein austenitisch.

Zum Vergleich sei angeführt, daß *Reinsteisen* von 99,99% Reinheit (0,002% C) bei Stickstofftemperatur spröde bricht. Bei — 110° C läßt es sich noch um 3% verformen. Reinsteisen neigt, wie alle kubisch-raumzentrierten Metalle, bei tiefen Temperaturen zum Sprödbruch, wohingegen kubisch-flächenzentrierte und hexagonale Metalle sich bei Heliumtemperatur noch verformen lassen.

X. Zusammenfassung

Es wird ein Kryostat beschrieben, in dem drahtförmige Proben unter flüssigem Helium plastisch verformt, bei einer beliebig gewählten Temperatur zwischen 4,2°K und Raumtemperatur ausgelagert und auf ihren elektrischen Widerstand bei diesen Temperaturen hin untersucht werden können. Die Bestimmung mechanischer Eigenschaften ist gleichfalls möglich.

An dem austenitischen Stahl SX 12 CrNi 2520 wurde die Erholung bei tiefer Temperatur untersucht. Eine erste Erholungsstufe zeigte sich unterhalb 45°K, bei der 16% der möglichen Gesamterholung abliefern. Die nach dem Verfahren von C. J. MEECHAN und J. A. BRINKMAN bestimmte Aktivierungsenergie betrug 0,07 ± 0,03 eV. Als Deutung wird vorgeschlagen, daß Zwischengitteratome, etwa Kohlenstoff oder Stickstoff, mit Leerstellen rekombinieren.

Das Verhältnis der elektrischen Widerstände bei 4,2 und 273,2°K betrug 0,794 ± 0,005. Die Streckgrenze stieg von 37 kp/mm² bei 20°C auf 122 kp/mm² bei 4,2°K, die Zugfestigkeit, bezogen auf die gleichen Temperaturen, von 90 auf 153 kp/mm². Die maximale Dehnung fiel von 30 auf 12%.

Dipl.-Ing. RALF FANGMEIER
Dr. phil. WOLFGANG WEPNER

Literaturverzeichnis

[1] VAN BUEREN, H. G., Z. f. Metallkde. 46, 272 (1955).
[2] BLEWITT, COLTMAN and REDMAN, Bristol Conference on Defects in Crystaline Solids (The Physical Society London, 1955).
[3] VAN BUEREN, H. G., und P. JONGENBURGER, thesis Leiden (1956).
[4] SEEGER, A., Handbuch der Physik Bd. VII, Teil 1, S. 466 (1955).
[5] PEARSON, W. B., Phys. Rev. 97, 666 (1955).
[6] MEECHAN, C. J., and A. SOSIN, Journal of Applied Physics, Vol. 29, 1958, S. 738.
[7] CORBETT, DENNEY, FISKE and WALKER, Phys. Rev. 108, 954 (1957).
[8] COOPER, KOEHLER and MARX, Phys. Rev. 97, 599 (1955).
[9] BLEWITT, COLTMAN, KLABUNDE and NOGGLE, J. Appl. Phys. 28, 639 (1957).
[10] BUCK, O., phys. stat. sol. 2, 535 (1962).
[11] APPLETON, A. S., and M. B. BEVER in the Discussion after the Symposium on »Present Knowledge About Point Defects in Deformed Face-Centered-Cubic Metals« by R. W. BALLUFFI, J. S. KOEHLER and R. O. SIMMONS, University of Illionois, Urbana 1962.
[12] WEPNER, W., Restwiderstandsmessungen an reinem Eisen; Forschungsbericht Nr. 1447 des Landes Nordrhein-Westfalen (1964).
[13] ARAJS, S., und R. V. COLVIN, Phys. stat. sol. 6 (1964), 797–802.

FORSCHUNGSBERICHTE DES LANDES NORDRHEIN-WESTFALEN

Herausgegeben im Auftrage des Ministerpräsidenten Dr. Franz Meyers
von Staatssekretär Prof. Dr. h. c. Dr.-Ing. E. h. Leo Brandt

HÜTTENWESEN · WERKSTOFFKUNDE

HEFT 4
Prof. Dr. med. Erich A. Müller und Dipl.-Ing. H. Spitzer, Max-Planck-Institut für Arbeitsphysiologie, Dortmund
Untersuchungen über die Hitzebelastung in Hüttenbetrieben
1952. 20 Seiten, 5 Abb., 1 Tabelle. DM 9,—

HEFT 48
Max-Planck-Institut für Eisenforschung, Düsseldorf
Spektrochemische Analyse der Gefügebestandteile in Stählen nach ihrer Isolierung
1953. 31 Seiten, 12 Abb., 5 Tabellen. DM 7,80

HEFT 49
Max-Planck-Institut für Eisenforschung, Düsseldorf
Untersuchungen über Ablauf der Desoxydation und die Bildung von Einschlüssen in Stählen
1953. 45 Seiten, 19 Abb., 3 Tabellen. Vergriffen

HEFT 50
Max-Planck-Institut für Eisenforschung, Düsseldorf
Flammenspektralanalytische Untersuchung der Ferritzusammensetzung in Stählen
1953. 34 Seiten, 15 Abb., 4 Tabellen. Vergriffen

HEFT 74
Max-Planck-Institut für Eisenforschung, Düsseldorf
Versuche zur Klärung des Umwandlungsverhaltens eines sonderkarbidbildenden Chromstahls
1954. 48 Seiten, 10 Abb. DM 14,—

HEFT 75
Max-Planck-Institut für Eisenforschung, Düsseldorf
Zeit-Temperatur-Umwandlungs-Schaubilder als Grundlage der Wärmebehandlung der Stähle
1954. 34 Seiten, 13 Abb. DM 8,70

HEFT 89
Verein Deutscher Ingenieure, Gleitlagerforschung, Düsseldorf, und Prof. Dr.-Ing. G. Vogelpohl, Göttingen
Versuche mit Preßstoff-Lagern für Walzwerke
1954. 57 Seiten, 34 Abb. Vergriffen

HEFT 96
Dr.-Ing. Paul Koch, Dortmund
Austritt von Exoelektronen aus Metalloberflächen unter Berücksichtigung der Verwendung des Effektes für die Materialprüfung
1954. 21 Seiten, 13 Abb. DM 7,—

HEFT 105
Dr.-Ing. Robert Meldau, Harsewinkel/Westf.
Auswertung von Gekörn - Analysen des Musterstaubes »Flugasche Fortuna I«
1955. 28 Seiten, 14 Abb. DM 8,50

HEFT 132
Prof. Dr. phil. nat. W. Seith, Münster
Über Diffusionserscheinungen in festen Metallen
1955. 27 Seiten, 19 Abb., 4 Tabellen. Vergriffen

HEFT 143
Prof. Dr. phil. Franz Wever, Dr. phil. Adolf Rose und Dipl.-Ing. W. Straßburg, Max-Planck-Institut für Eisenforschung, Düsseldorf
Härtbarkeit und Umwandlungsverhalten der Stähle
1955. 33 Seiten, 12 Abb., 3 Tabellen. Vergriffen

HEFT 153
Prof. Dr.phil. Franz Wever, Dr.-Ing. Wilhelm Anton Fischer und Dipl.-Ing. J. Engelbrecht, Düsseldorf
I. Die Reduktion sauerstoffhaltiger Eisenschmelzen im Hochvakuum mit Wasserstoff und Kohlenstoff
II. Einfluß geringer Sauerstoffgehalte auf das Gefüge und Alterungsverhalten von Reineisen
1955. 42 Seiten, 15 Abb., 2 Tabellen. DM 12,40

HEFT 154
Prof. Dr.-Ing. P. Bardenheuer und Dr.-Ing. Wilhelm Anton Fischer, Düsseldorf
Die Verschlackung von Titan aus Stahlschmelzen im sauren und basischen Hochfrequenzofen unter verschiedenen Schlacken
1955. 23 Seiten, 10 Abb., 1 Tabelle. DM 7,95

HEFT 162
Prof. Dr. phil. Franz Wever,
Prof. Dr. rer. techn. Albert Kochendörfer und
Dr.-Ing. Chr. Rohrbach, Max-Planck-Institut für Eisenforschung, Düsseldorf
Kennzeichnung der Sprödbruchneigung von Stählen durch Messung der Fließspannung, Reißspannung und Brucheinschnürung an dreiachsig beanspruchten Proben
1955. 46 Seiten, 26 Abb. DM 13,—

HEFT 170
Prof. Dr. phil. Franz Wever, Dr. phil. Adolf Rose und Dipl.-Ing. L. Rademacher, Max-Planck-Institut für Eisenforschung, Düsseldorf
Anwendung der Umwandlungsschaubilder auf Fragen der Werkstoffauswahl beim Schweißen und Flammhärten
1955. 51 Seiten, 25 Abb. DM 13,70

HEFT 205
Dr. Carl Schaarwächter, Laboratorium für Rostschutz und Oberflächentechnik, Düsseldorf
Über plastische Kupfer-Eisen-Phosphor-Legierungen
1956. 25 Seiten, 10 Abb., 10 Tabellen. DM 8,30

HEFT 227
Prof. Dr. phil. Franz Wever und Dr. Wolfgang Wepner, Max-Planck-Institut für Eisenforschung, Düsseldorf
Untersuchung der Alterungsneigung von weichen unlegierten Stählen durch Härteprüfung bei Temperaturen bis 300° C
1956. 24 Seiten, 20 Abb., 3 Tabellen. DM 7,95

HEFT 228
Prof. Dr. phil Franz Wever, Dr. phil. Walter Koch und Dr. rer. nat. Bernd Alexander Steinkopf, Max-Planck-Institut für Eisenforschung, Düsseldorf
Spektrochemische Grundlagen der Analyse von Gemischen aus Kohlenmonoxyd, Wasserstoff und Stickstoff
1956. 31 Seiten, 18 Abb., 1 Tabelle. DM 9,90

HEFT 229
Prof. Dr. phil. Franz Wever, Dr. phil Walter Koch und Dr.-Ing. Hanns Malissa, Max-Planck-Institut für Eisenforschung, Düsseldorf
Über die Anwendung disubstituierter Dithiocarbamate der analytischen Chemie
1955. 30 Seiten, 30 Abb., 5 Tabellen. DM 10,50

HEFT 230
Prof. Dr. phil. Franz Wever und
Dr. phil. Wolfgang Wepner, Max-Planck-Institut für Eisenforschung, Düsseldorf
Bestimmung kleiner Kohlenstoffgehalte im α-Eisen durch Dämpfungsmessung
1955. 19 Seiten, 5 Abb., 2 Tabellen. DM 7,70

HEFT 234
Dr.-Ing K. G. Speith und Dr.-Ing A. Bungeroth Duisburg
Versuche zur Steigerung des Kokillen-Schluckvermögens beim Stranggießen von Stahl
1956. 15 Seiten, 5 Abb. DM 6,15

HEFT 244
Prof. Dr. phil. Franz Wever, Dr. phil. Walter Koch und Dr. Siegfried Eckhard, Max-Planck-Institut für Eisenforschung, Düsseldorf
Erfahrungen mit der spektrochemischen Analyse von Gefügebestandteilen des Stahles
1956. 22 Seiten, 8 Abb., 2 Tabellen. DM 7,80

HEFT 263
Prof. Dr. phil. Heinrich Lange und
Dipl.-Phys. Rudolf Kohlhaas, Institut für theoretische Physik der Universität Köln
Über die Wärmeleitfähigkeit von Stählen bei hohen Temperaturen: Teil I: Literaturbericht
1956. 37 Seiten, 26 Abb., 8 Tabellen. DM 10,70

HEFT 268
Prof. Dr.-Ing. G. Vogelpohl, VDI, Max-Planck-Institut für Strömungsforschung, Göttingen
Über die Tragfähigkeit von Gleitlagern und ihre Berechnung
1956. 66 Seiten, 24 Abb., 7 Tabellen. Vergriffen

HEFT 283
Prof. Dr.-phil Franz Wever und
Dr.-Ing. Werner Lueg, Max-Planck-Institut für Eisenforschung, Düsseldorf
Warmstauchversuche zur Ermittlung der Formänderungsfestigkeit von Gesenkschmiede-Stählen
1956. 31 Seiten, 19 Abb. DM 9,90

HEFT 288
Dr. phil Kurt Brücker-Steinkuhl, Düsseldorf
Anwendung mathematisch-statischer Verfahren in der Industrie
1956. 103 Seiten, 28 Abb., 14 Tabellen. Vergriffen

HEFT 290
Dr. rer. nat. Dietrich Horstmann, Max-Planck-Institut für Eisenforschung, Düsseldorf
I. Der verstärkte Angriff des Zinks auf Eisen im Temperaturgebiet um 500° C
II. Einfluß eines Antimongehaltes auf den Angriff von Zinkschmelzen auf Eisen
1956. 36 Seiten, 33 Abb., 3 Tabellen. DM 11,90

HEFT 291
Dr.-Ing. Hans-Joachim Wiester und
Dr. rer. nat. Dietrich Horstmann, Max-Planck-Institut für Eisenforschung, Düsseldorf
Der Angriff eisengesättigter Zinkschmelzen auf silizium- und manganhaltiges Eisen
1956. 40 Seiten, 45 Abb., 8 Tabellen. DM 12,60

HEFT 311
Prof. Dr. phil. Franz Wever und
Dr. phil. nat. Max Hempel, Düsseldorf
Dauerschwingfestigkeit von Stählen bei erhöhten Temperaturen
Teil I: Erkenntnisse aus bisherigen Dauerschwingversuchen in der Wärme
1956. 36 Seiten, 19 Abb., 2 Tabellen. DM 10,90

HEFT 312
Prof. Dr. phil. Franz Wever und
Dr. phil. nat. Max Hempel, Max-Planck-Institut für Eisenforschung, Düsseldorf
Dauerschwingfestigkeit von Stählen bei erhöhten Temperaturen
Teil II: Zug-Druck-Dauerschwingversuche an zwei warmfesten Stählen bei Temperaturen von 500 bis 650° C
1956. 36 Seiten, 20 Abb., 3 Tabellen. DM 13,—

HEFT 313
Prof. Dr. phil. Franz Wever, Dr. phil. Walter Koch und Dipl.-Phys. Helga Rohde, Max-Planck-Institut für Eisenforschung, Düsseldorf
Änderungen des Habitus und der Gitterkonstanten des Zementits in Chromstählen bei verschiedenen Wärmebehandlungen
1956. 76 Seiten, 29 Abb., 8 Tabellen. DM 20,90

HEFT 314
Prof. Dr. phil. Franz Wever,
Dr.-Ing. habil. Alfred Krisch und
Dr.-Ing. Hans-Joachim Wiester, Max-Planck-Institut für Eisenforschung, Düsseldorf
Veränderungen im Gefügeaufbau von Chrom-Nickel-Molybdän-Stählen bei langzeitiger Beanspruchung im Zeitstandversuch bei 500°
1956. 35 Seiten, 26 Abb., 5 Tabellen. DM 11,70

HEFT 315
Prof. Dr. phil. Franz Wever und
Dr.-Ing. habil. Alfred Krisch, Max-Planck-Institut für Eisenforschung, Düsseldorf
Metallkundliche Untersuchungen an Zeitstandproben
1956. 25 Seiten, 12 Abb. DM 9,15

HEFT 336
Dr. phil. Tung-ping Yao, Gießerei-Institut der Rhein.-Westf. Technischen Hochschule Aachen
Die Viskosität metallischer Schmelzen
1956. 53 Seiten, 28 Abb., 2 Tabellen. DM 14,40

HEFT 342
Prof. Dr.-Ing. Helmut Winterhager und
Dipl.-Ing. Wolfgang Barthel, Aachen
Die Gewinnung von Titan-Schlacken-Konzentraten aus eisenreichen Ilmeniten
1956. 47 Seiten, 30 Abb., 6 Tabellen. DM 13,30

HEFT 348
Prof. Dr.-Ing. Eugen Piwowarsky † und
Dr.-Ing. Ernst Günter Nickel, Gießerei-Institut der Rhein.-Westf. Technischen Hochschule Aachen
Metallurgie eines hochwertigen Gußeisens mit kompakter bis kugelförmiger Graphitausbildung
1956. 46 Seiten, 27 Abb., 5 Tabellen. DM 13,30

HEFT 349
Dr.-Ing. Wilhelm-Anton Fischer,
Dr.-Ing. Helmut Treppschuh und
Dr.-Ing. Karl Heinz Köthemann, Max-Planck-Institut für Eisenforschung, Düsseldorf
Tiegel aus Schmelzmagnesia für Vakuuminduktionsöfen
1957. 23 Seiten, 14 Abb. DM 8,40

HEFT 367
Dr. rer. nat. Dietrich Horstmann, Max-Planck-Institut für Eisenforschung, Düsseldorf
Der Angriff eisengesättigter Zinkschmelzen auf kohlenstoff-, schwefel- und phosphorhaltiges Eisen
1957. 42 Seiten, 22 Abb., 6 Tabellen. DM 12,85

HEFT 392
Prof. Dr. phil. Franz Wever,
Dr. phil. Walter Koch, Düsseldorf,
Dr.-Ing. Helmut Knüppel,
Dr. rer. nat. Bernd Alexander Steinkopf,
Dipl.-Ing. Karl Ernst Mayer und
Dipl.-Phys. Gert Wiethoff, Dortmund
Untersuchungen über den Konverterrauch im Hinblick auf die spektrale Überwachung des Thomasprozesses
1957. 36 Seiten, 14 Abb., 4 Tabellen. DM 12,10

HEFT 407
Prof. Dr.-Ing. Dr.-Ing. E. h. Hermann Schenk, Aachen und Dr.-Ing. Werner Wenzel, Bad Godesberg
Entwicklungsarbeiten auf dem Gebiete der Verhüttung von Erzstaub in Schmelzkammern
1957. 71 Seiten, 9 Abb., 18 Tabellen. DM 17,10

HEFT 408
Prof. Dr. phil. Franz Wever, Dr.-Ing. Werner Lueg und Dr.-Ing. Hans Günter Müller, Max-Planck-Institut für Eisenforschung, Düsseldorf
Kraft- und Arbeitsbedarf beim Warmscheren von Stahl in Abhängigkeit von Temperatur und Schnittgeschwindigkeit
1957. 33 Seiten, 15 Abb., 3 Tabellen. DM 11,35

HEFT 409
Prof. Dr. phil. Franz Wever,
Dr. phil. Walter Koch,
Dr. rer. nat. Christa Ilschner-Gensch und
Dipl.-Phys. Helga Rohde, Max-Planck-Institut für Eisenforschung, Düsseldorf
Das Auftreten eines kubischen Nitrids in aluminiumlegierten Stählen
1957. 26 Seiten, 12 Abb., 3 Tabellen. DM 10,10

HEFT 410
Prof. Dr. phil. Franz Wever,
Prof. Dr. rer. techn. Albert Kochendörfer,
Dr. phil. nat. Max Hempel und
Dipl.-Phys. Emil Hillenhagen, Max-Planck-Institut für Eisenforschung, Düsseldorf
Biegewechselversuche mit Flachproben aus Alpha-Eisen-Kristallen zur Bestimmung der Wechselfestigkeit und der Gleitspuren
1957. 100 Seiten, 58 Abb., 3 Tabellen. DM 30,—

HEFT 455
Dr.-Ing. Wilhelm Anton Fischer,
Dr.-Ing. Helmut Treppschuh und
Dipl.-Phys. Karl Heinz Köthemann, Max-Planck-Institut für Eisenforschung, Düsseldorf
Erschmelzung von Reinsteisen nach dem Kohlenstoffproduktionsverfahren und Kerbschlagzähigkeit-Temperatur-Kurven dieses Eisens
1957. 25 Seiten, 7 Abb., 6 Tabellen. DM 9,35

HEFT 456
Privatdozent Dr.-Ing. Karl Bungardt, Krefeld
Zeitstandversuche an austenitischen Stählen und Legierungen
1958. 23 Seiten und Anhang mit Abbildungen und Tafeln z. T. auf Falttafeln. DM 19,85

HEFT 457
Prof. Dr. phil. Franz Wever und
Dr. phil. Wolfgang Wepner, Max-Planck-Institut für Eisenforschung, Düsseldorf
Dämpfungsmessungen an schwach gereckten Eisen-Kohlenstoff-Legierungen
1957. 22 Seiten, 7 Abb., 3 Tabellen. DM 8,40

HEFT 458
Prof.-Ing. Dr.-Ing. E. h. Hermann Schenk und
Dr.-Ing. Eugen Schmidtmann, Aachen,
Dr.-Ing. Hans Kosmider, Dr.-Ing. Herbert Neuhaus und Dr.-Ing. Alfred Krüger, Haspe
Das Frischen von Thomas-Roheisen mit Sauerstoff-Wasserdampf-Gemischen und die Eigenschaften der damit erblasenen Stähle
1957. 50 Seiten, 56 Abb. DM 16,35

HEFT 459
Prof. Dr. phil. Franz Wever,
Dr. phil. Otto Krisement und Hanna Schädler, Max-Planck-Institut für Eisenforschung, Düsseldorf
Ein isothermes Mikrokalorimeter zur kinetischen Messung von Umwandlungs- und Ausscheidungsvorgängen in Legierungen
1957. 31 Seiten, 14 Abb. DM 10,75

HEFT 460
Prof. Dr. phil. Franz Wever und
Dr. rer. nat. Bernhard Ilschner, Max-Planck-Institut für Eisenforschung, Düsseldorf
Ein isothermes Lösungskalorimeter zur Bestimmung thermo-dynamischer Zustandsgrößen von Legierungen
1957. 31 Seiten, 7 Abb., 4 Tabellen. DM 10,40

HEFT 461
Prof. Dr.-Ing. habil. Eugen Piwowarsky †
Prof. Dr.-Ing. Wilhelm Patterson und
Dipl.-Ing. Friedrich Wilhelm Iske, Gießerei-Institut der Rhein.-Westf. Technischen Hochschule Aachen
Verbesserung der Zähigkeitseigenschaften von Bessemer-Stahlguß
1957. 41 Seiten, 15 Abb., 16 Tabellen. DM 12,75

HEFT 492
Prof. Dr. phil. Josef Meixner und
Dr. rer. nat. Bruno Manz, Institut für theoretische Physik der Rhein.-Westf. Technischen Hochschule Aachen
Zur Theorie der irreversiblen Prozesse in α-Eisen
1958. 10 Seiten, 1 Abb. DM 5,70

HEFT 519
Prof. Dr. phil. Franz Wever,
Dr. phil. Walter Koch und
Dr. phil. Siegfried Eckhard, Max-Planck-Institut für Eisenforschung, Düsseldorf
Die spektrographische Bestimmung der Spurenelemente in Stahl ohne vorherige Abbrennung
1958. 36 Seiten, 22 Abb. DM 12,60

HEFT 542
Dr. phil. nat. Gerhard Zapf, Schwelm
Entwicklung eines Verfahrens zur Herstellung von Formteilen aus Sintermessing
1958. 43 Seiten, 23 Abb., 7 Tabellen. DM 15,15

HEFT 552
Dr.-Ing. Gerhard Leiber und
Dipl.-Ing. Dieter Schauwinhold, Duisburg-Hamborn
Versuche zur Erzeugung halbberuhigten Stahles
1958. 28 Seiten, 23 Abb., 6 Tabellen. DM 11,30

HEFT 562
Prof. Dr.-Ing. Dr.-Ing. E. h. Hermann Schenck,
Prof. Dr. phil. habil. Norbert G. Schmahl und
Dr.-Ing. Götz Funke, Institut für Eisenhüttenwesen der Rhein.-Westf. Technischen Hochschule Aachen
Die Reduzierbarkeit von Eisenerzen
1958. 101 Seiten, 89 Abb., 10 Tabellen. DM 29,25

HEFT 573
Prof. Dr. phil. Franz Wever,
Dr. rer. nat. Werner Jellinghaus und
Dr.-Ing. Toshimori Shuin, Max-Planck-Institut für Eisenforschung, Düsseldorf
Gemischt-keramische Sinterwerkstoffe aus Aluminiumoxyd und Eisen oder Eisenlegierungen
1958. 76 Seiten, 39 Abb., 17 Tabellen. DM 22,65

HEFT 586
Dr.-Ing. Wilhelm Anton Fischer und
Dr. rer. nat. Alfred Hoffmann, Max-Planck-Institut für Eisenforschung, Düsseldorf
Verhalten von Eisen- und Stahlschmelzen im Hochvakuum
1958. 41 Seiten, 10 Abb., 13 Tabellen. DM 14,50

HEFT 597
Prof. Dr. phil. Franz Wever,
Dr. phil. Wilhelm Wink und
Dr. rer. nat. Werner Jellinghaus, Max-Planck-Institut für Eisenforschung, Düsseldorf
Suszeptibilitätsmessungen an hochwarmfesten Legierungen auf Nickel-Chrom- und Kobalt-Nickel-Chrom-Grundlage
1958. 34 Seiten, 10 Abb., 5 Tabellen. DM 12,—

HEFT 599
Prof. Dr. phil. Walter Koch und
Dipl.-Phys. Dr. phil. Heinz Sundermann, Max-Planck-Institut für Eisenforschung, Düsseldorf
Elektrochemische Grundlagen der Isolierung von Gefügebestandteilen in metallischen Werkstoffen
1958. 50 Seiten, 26 Abb., 2 Tabellen. DM 17,60

HEFT 600
Prof. Dr. phil. Walter Koch, Dr. phil. Siegfried Eckhard und Dr. rer. nat. Friedrich Stricker, Max-Planck-Institut für Eisenforschung, Düsseldorf
Die lichtelektrische Spektralanalyse der Gase im Stahl
1958. 53 Seiten, 27 Abb., 9 Tabellen. DM 15,10

HEFT 620
Dr. rer. nat. Dietrich Horstmann, Max-Planck-Institut für Eisenforschung und Gemeinschaftsausschuß Verzinken, Düsseldorf
Der Einfluß von Aluminium im Eisen- und im Zinkbad auf den Zinkangriff
1958. 29 Seiten, 17 Abb., 3 Tabellen. DM 9,40

HEFT 628
Dipl.-Ing. Walter Panknin und
Dipl.-Ing. Wolfgang Möhrlin, Verein Deutscher Ingenieure ADB, Düsseldorf
Die Ermittlung der Fließkurven von Schraubenwerkstoffen *1958. 20 Seiten, 8 Abb. DM 6,40*

HEFT 630
Prof. Dr. phil. Walter Koch und
Dr. techn. Dipl.-Ing. Hanns Malissa, Max-Planck-Institut für Eisenforschung, Düsseldorf
Beiträge zur Spurenanalyse im Reinsteisen
1958. 25 Seiten, 8 Tabellen. DM 7,60

HEFT 644
Prof. Dr.-Ing. Franz Bollenrath, Institut für Werkstoffkunde an der Rhein.-Westf. Technischen Hochschule Aachen
Untersuchung einiger mechanischer Eigenschaften von Sinteraluminium S. A. P. und S. A. P.-Avional
1958. 24 Seiten, 26 Abb. DM 8,10

HEFT 697
Prof. Dr.-Ing. Theodor Gast,
Dr.-Ing. Karl-Max Frhr. v. Meysenburg und
Prof. Dr.-Ing. Otto Krischer, Technische Hochschule Darmstadt
Untersuchung über die Erwärmungsvorgänge bei der Verarbeitung härtbarer und thermoplastischer Kunststoffe
1959. 91 Seiten, 34 Abb., 4 Tabellen. DM 16,90

HEFT 706
Prof. Dr.-Ing. Dr.-Ing. E. h. Hermann Schenck und Dr.-Ing. Hans Esch, Institut für Eisenhüttenwesen der Rhein.-Westf. Technischen Hochschule Aachen
Zur Untersuchung der Hochofenvorgänge
1959. 32 Seiten, 23 Abb. DM 9,90

HEFT 737
Prof. Dr.-Ing. habil. Karl Krekeler,
Dr.-Ing. Heinz Peukert und Dipl.-Ing. Josef Eilers, Institut für Kunststoffverarbeitung an der Rhein.-Westf. Technischen Hochschule Aachen
Festigkeitsuntersuchungen an Rohren aus Thermoplasten
1959. 66 Seiten, 84 Abb. DM 19,40

HEFT 748
Prof. Dr. phil. nat. habil. Hans-Ernst Schwiete,
Dr.-Ing. Harald Knoblauch und
Dr. rer. nat. Günther Ziegler, Institut für Gesteinshüttenkunde der Rhein.-Westf. Technischen Hochschule Aachen
Die Hydratation der Verbindungen 3 CaO · SiO_2 und ß-2 CaO · SiO_2
1959. 56 Seiten, 22 Abb., 14 Tabellen. DM 15,70

HEFT 780
Prof. Dr. phil. Franz Wever,
Dr.-Ing. Werner Lueg und Dr.-Ing. Paul Funke, Max-Planck-Institut für Eisenforschung, Düsseldorf
Untersuchung von Walzöl und Walzölemulsionen im Kaltwalzversuch
1959. 68 Seiten, 28 Abb., mehr. Tabellen. DM 18,50

HEFT 788
Prof. Dr.-Ing. Herwart Opitz, Laboratorium für Werkzeugmaschinen und Betriebslehre an der Rhein.-Westf. Technischen Hochschule Aachen
Der Einsatz radioaktiver Isotope bei Zerspanungsuntersuchungen
1959. 35 Seiten, 23 Abb. DM 11,30

HEFT 797
Prof. Dr. phil. Heinrich Lange und
Dr. rer. nat. Rudolf Kohlhaas, Institut für theoretische Physik der Universität Köln
Über die wahre spezifische Wärme von Eisen, Nickel und Chrom bei hohen Temperaturen
Neue Verfahren zur Messung der wahren spezifischen Wärme von Metallen bei hohen Temperaturen
1960. 115 Seiten, 38 Abb., 24 Tabellen. DM 31,20

HEFT 798
Dr. rer. nat. Karl Wassmann, Mönchengladbach
Einfluß der Schutzgasatmosphäre auf die Eigenschaften von Sinterstahl
1959. 94 Seiten, 65 Abb., 19 Tabellen. DM 27,—

HEFT 799
Dipl.-Ing. Helmut Weiss, Frankfurt a. M.
Aufkohlung und Härtung von Sintereisen-Werkstoffen
1960. 61 Seiten, 56 Abb., 2 Tabellen. DM 18,80

HEFT 800
Dipl.-Ing. Otto Schindler, Lehrstuhl für Stahlbau, Technische Hochschule Hannover
Untersuchungen an geschweißten Hüttenkranen Ein Beitrag zur Berechnung dünnwandiger Hohlkästen
1959. 46 Seiten, 14 Abb., 2 Tabellen. DM 13,20

HEFT 801
Baurat Dipl.-Ing. Waldemar Gesell, Staatliche Ingenieurschule für Maschinenwesen, Duisburg
Ersatz von Quarzsand als Strahlmittel
1960. 66 Seiten, 12 Abb., 4 Tabellen. 17 Diagramme. DM 18,90

HEFT 833
Prof. Dr.-Ing. Helmut Winterhager und Dr.-Ing. Dan Hubert Hermes, Institut für Metallhüttenwesen und Elektrometallurgie der Rhein.-Westf. Technischen Hochschule Aachen
Anodennebenreaktionen bei der Silberraffinationselektrolyse
1960. 55 Seiten, 21 Abb., 10 Tabellen. DM 15,60

HEFT 834
Prof. Dr.-Ing. Helmut Winterhager und Dr.-Ing. Klaus Reiprich, Institut für Metallhüttenwesen und Elektrometallurgie der Rhein.-Westf. Technischen Hochschule Aachen
Studie über den Glänzabbau des Reinstaluminiums in Flußsäure enthaltenden chemischen Glänzbädern
1960. 92 Seiten, 88 Abb., 7 Tabellen. DM 27,30

HEFT 840
Prof. Dr. phil. Franz Wever, Dr.-Ing. Hans-Günter Müller und Dr.-Ing. Paul Funke, Max-Planck-Institut für Eisenforschung, Düsseldorf
Versuchsmäßige und rechnerische Bestimmung von Walzkraft und Drehmoment unter Einwirkung von Bandzugspannungen beim Kaltwalzen von Bandstahl
1960. 36 Seiten, 12 Abb., 3 Tafeln. DM 10,90

HEFT 841
Dr. rer. nat. Hubert Blanck, Max-Planck-Institut für Eisenforschung, Düsseldorf
Untersuchungen zur Kinetik des Martensitzerfalls
1960. 33 Seiten, 11 Abb., 2 Tabellen. DM 10,30

HEFT 849
Direktor Ludwig Martin, Wuppertal-Elberfeld und Friedrich Steiner, Ratingen
Weiterentwicklung von Friktionswerkstoffen
1960. 66 Seiten, 70 Abb., 3 Tabellen. DM 20,50

HEFT 939
Prof. Dr.-Ing. habil. Wilhelm Petersen und Dipl.-Ing. Hans Mingenbach, Dozentur für Brikettierung der Rhein.-Westf. Technischen Hochschule Aachen
Untersuchungen über die Herstellung von Erzbriketts
1961. 83 Seiten, 67 Abb., 2 Tabellen. DM 25,60

HEFT 957
Prof. Dr.-Ing. Dr.-Ing. E. h. Hermann Schenck, Prof. Dr.-Ing. Eugen Schmidtmann und Dr.-Ing. Helmut Brandis, Institut für Eisenhüttenwesen der Rhein.-Westf. Technischen Hochschule Aachen
Mechanische und physikalische Prüfverfahren zur Ermittlung der Vorgänge bei der Abschreck- und Verformungsalterung
1961. 47 Seiten, 34 Abb. DM 14,90

HEFT 958
Prof. Dr.-Ing. Dr.-Ing. E. h. Hermann Schenck, Prof. Dr.-Ing. Eugen Schmidtmann und Dr.-Ing. Heinz Müller, Institut für Eisenhüttenwesen der Rhein.-Westf. Technischen Hochschule Aachen
Untersuchungen zur Isolierung von Einschlüssen und Korngrenzensubstanzen in Eisenwerkstoffen nach dem Dünnschliffverfahren. Innere Oxydation von Eisenlegierungen
1961. 50 Seiten, 33 Abb., 2 Tabellen. DM 15,90

HEFT 961
Prof. Dr.-Ing. Wilhelm Patterson und Dr.-Ing. Dietmar Boenisch, Gießerei-Institut der Rhein.-Westf. Technischen Hochschule Aachen
Eigenschaften und Eigenschaftsänderungen der Tonmineralien in Formsanden
1961. 33 Seiten, 16 Abb. DM 10,90

HEFT 962
Prof. Dr.-Ing. Wilhelm Patterson und Dr.-Ing. Philipp Schneider, Gießerei-Institut der Rhein.-Westf. Technischen Hochschule Aachen
Untersuchungen über die Oberflächenfeingestalt von Gußstücken
1961. 69 Seiten, 52 Abb., 1 Bildtafel. DM 20,80

HEFT 963
Prof. Dr.-Ing. Wilhelm Patterson und Dr.-Ing. Wilhelm Weskamp, Gießerei-Institut der Rhein.-Westf. Technischen Hochschule Aachen
Versuche zur Steigerung der Temperatur in der Schmelzzone des Kupolofens und zur Erzielung eines optimalen thermischen Wirkungsgrades durch Verwendung von HC-Koks in unterschiedlicher Stückgröße
1961. 87 Seiten, 29 Abb., 30 Tabellen. DM 28,30

HEFT 964
Prof. Dr.-Ing. Wilhelm Patterson und Dr.-Ing. Friedrich Iske, Gießerei-Institut der Rhein.-Westf. Technischen Hochschule Aachen
Zusammenhang zwischen den mechanischen Eigenschaften im Gußstück und im getrennt gegossenen Probestab
1961. 8? Seiten, 53 Abb., 13 Tabellen. DM 23,80

HEFT 968
Prof. Dr.-Ing. habil. Anton Königer †, Institut für Gießereikunde der Technischen Universität Berlin
Zur Kenntnis der Passivierbarkeit und Korrosionsbeständigkeit technischer Eisensorten
1961. 25 Seiten, 7 Abb., 8 Tabellen. DM 8,90

HEFT 969
Prof. Dr. phil. Erich Scheil, Düsseldorf
Über den Zustand von Metallschmelzen
1961. 37 Seiten, 23 Abb., 2 Tabellen. DM 11,90

HEFT 970
Prof. Dr.-Ing. Anton Königer † und
Dipl.-Ing. Günther Kuhl, Institut für Gießereikunde der Technischen Universität Berlin
Der Einfluß verschiedener Begleit- und Legierungselemente auf das Viskositätsverhalten von Gußeisenschmelzen
1961. 26 Seiten, 14 Abb., 6 Tabellen. DM 8,60

HEFT 1016
Dr. rer. nat. W. Jellinghaus, Max-Planck-Institut für Eisenforschung, Düsseldorf
Sinterwerkstoffe aus Nickel oder Nickelaluminid mit Aluminiumoxyd
1961. 33 Seiten, 22 Abb., 6 Tabellen. DM 13,50

HEFT 1057
Prof. Dr.-Ing. Dr.-Ing. E. h. Hermann Schenck,
Dr.-Ing. Werner Wenzel und
Dr.-Ing. Hanns-Dieter Butzmann, Institut für Eisenhüttenwesen der Rhein.-Westf. Technischen Hochschule Aachen
Die Reduktion von Eisenerzen im heterogenen Wirbelbett
1961. 87 Seiten, 32 Abb., 5 Tabellen. DM 28,20

HEFT 1067
Prof. Dr.-Ing. Dr.-Ing. E. h. Hermann Schenck und
Dr.-Ing. Klaus-Dieter Unger, Institut für Eisenhüttenwesen der Rhein.-Westf. Technischen Hochschule Aachen
Versuche zur Bestimmung von Verunreinigungen in Metallen; insbesondere von Oxyden und Oxydverbindungen in technischen Stählen
1962. 34 Seiten, 10 Abb., 3 Tabellen. DM 13,40

HEFT 1068
Prof. Dr.-Ing. Dr.-Ing. E. h. Hermann Schenck,
Dr.-Ing. Werner Wenzel, Dr.-Ing. Günter Lindelar,
Prof. Dr.-Ing. Rudolf Spolders und
Dr.-Ing. Hilmar Weidenmüller, Institut für Eisenhüttenwesen der Rhein.-Westf. Technischen Hochschule Aachen
Der Einfluß des Schwefels und der Kohlenoxydspaltung auf den Hochofenprozeß
1962. 222 Seiten, 99 Abb., 51 Tabellen. DM 49,50

HEFT 1083
Prof. Dr.-Ing. Franz Bollenrath und
Ahmed Ali Salem El-Sabbagh, Institut für Werkstoffkunde der Rhein.-Westf. Technischen Hochschule Aachen
Untersuchungen über die Warmfestigkeit von Hartlötverbindungen
1963. 80 Seiten, 88 Abb., 7 Tabellen. DM 59,40

HEFT 1092
Prof. Dr.-Ing. habil. Anton Königer † und
Dr.-Ing. Manfred Odendahl, Institut für Gießereikunde der Technischen Universität Berlin
Der Einfluß von Oxyden auf die Viskosität von reinen Eisen-Kohlenstoff-Silizium-Legierungen
1962. 23 Seiten, 9 Abb. DM 10,40

HEFT 1093
Dr.-Ing. Wolf Dieter Röpke und
Dr.-Ing. Abbas Sabé, Institut für Gießereikunde der Technischen Universität Berlin
Das Fließvermögen und die Warmrißneigung von Stahl mit besonderer Berücksichtigung des Einflusses von hohen Molybdängehalten
1962. 37 Seiten, 21 Abb., 4 Tabellen. DM 17,—

HEFT 1094
Prof. Dr.-Ing. habil. Anton Königer † und
Prof. Dr. phil. Emanuel Pfeil, Institut für Gießereikunde der Technischen Universität Berlin
Versuche zur Entwicklung von Korrosions-Prüfmethoden
1962. 23 Seiten, 7 Abb., 3 Tabellen. DM 10,80

HEFT 1113
Dr. rer. nat. Wolfgang Pitsch, Max-Planck-Institut für Eisenforschung, Düsseldorf
Die kristallographischen Eigenschaften der Nitridausscheidungen im α-Eisen
1962. 21 Seiten, 8 Abb., 3 Tabellen. DM 11,—

HEFT 1114
Dipl.-Chem. Dr. phil. Siegfried Eckhard und
Dipl.-Phys. Walter Baum, Max-Planck-Institut für Eisenforschung, Düsseldorf
Über ein physikalisches Verfahren zur Bestimmung des Wasserstoffs im ternären Gemisch mit Stickstoff und Kohlenmonoxyd
1962. 63 Seiten, 31 Abb. DM 39,80

HEFT 1122
Prof. Dr.-Ing. Dr.-Ing. E. h. Hermann Schenck,
Dozent Dr.-Ing. Werner Wenzel und
Dr.-Ing. Günther Dietrich, Institut für Eisenhüttenwesen der Rhein.-Westf. Technischen Hochschule Aachen
Reaktionskinetische Betrachtung des Sintervorganges und Möglichkeiten zur Leistungssteigerung. Entwicklung eines Schachtsinterverfahrens
1962. 93 Seiten, 24 Abb., 5 Tabellen. DM 44,50

HEFT 1158
Dr.-Ing. habil. Alfred Krisch, Max-Planck-Institut für Eisenforschung, Düsseldorf
Über die Extrapolation von Zeitstandversuchen
1963. 31 Seiten, 13 Abb., 2 Tabellen. DM 17,50

HEFT 1190
Prof. Dr.-Ing. Max Vater und Dipl.-Ing. Otto Schulte, Institut für Bildsame Formgebung der Rhein.-Westf. Technischen Hochschule Aachen
Die Formänderungsfestigkeit von Metallen
In Vorbereitung

HEFT 1191
Prof. Dr.-Ing. habil. Anton Königer †,
Dr.-Ing. Manfred Odendahl und Eberhard Pahl, Institut für Gießereikunde der Technischen Universität Berlin
Über die Bildsamkeit von tongebundenen Formsanden
1963. 33 Seiten, 21 Abb., 4 Tabellen. DM 18,—

HEFT 1192
Prof. Dr.-Ing. habil. Anton Königer † und Dr.-Ing. Peter R. Sahm, Institut für Gießereikunde der Technischen Universität Berlin
Das Fließvermögen reiner und sauerstoffhaltiger Kupferschmelzen
1963. 47 Seiten, 38 Abb. 3 Tabellen. DM 31,80

HEFT 1193
Prof. Dr.-Ing. Helmut Winterhager und Dr.-Ing. Reinhard K. Buchner, Institut für Metallhüttenwesen und Elektrometallurgie der Rhein.-Westf. Technischen Hochschule Aachen
Beitrag zum experimentellen Problem der Messung schneller Elektrodenvorgänge
1963. 40 Seiten, 14 Abb. DM 17,—

HEFT 1194
Dr. rer. nat. Werner Jellinghaus, Max-Planck-Institut für Eisenforschung, Düsseldorf
Beiträge zur Konstitution metallischer Stoffe durch Suszeptibilitätsmessungen
1963. 25 Seiten, 8 Abb., 3 Tabellen. DM 14,—

HEFT 1253
Dipl.-Ing. Alfred Puck, Dipl.-Ing. Horst Wurtinger, Deutsches Kunststoffinstitut, Darmstadt
Werkstoffgemäße Dimensionierungs-Größen für den Entwurf von Bauteilen aus kunstharzgebundenen Glasfasern
Teil I und II
1963. 149 Seiten, 73 Abb., 8 Tabellen. DM 76,—

HEFT 1305
Dr. phil. Hermann Möller und Dipl.-Phys. Helmut Weeber, Max-Planck-Institut für Eisenforschung, Düsseldorf
Die Bildgüte bei der Durchstrahlung von Werkstoffen mit Röntgen- oder Gammastrahlen von 0,1 bis 31 MeV
1963. 69 Seiten, 40 Abb., 2 Tabellen. DM 32,90

HEFT 1344
Prof. Dr.-Ing. Dr.-Ing. E. h. Hermann Schenck, Dozent Dr.-Ing. Werner Wenzel, Dr.-Ing. Hans D. Kluger, Institut für Eisenhüttenwesen der Rhein.-Westf. Technischen Hochschule Aachen
Über das Reduktionsverhalten eisenoxydhaltiger Schlacken
1964. 91 Seiten, 60 Abb., 6 Tabellen im Anhang. DM 44,—

HEFT 1355
Dr.-Ing. habil. Alfred Krisch, Max-Planck-Institut für Eisenforschung, Düsseldorf
Kriechverhalten, Gefügeänderung und Risse bei mehrjährigen Zeitstandversuchen
1964. 27 Seiten, 17 Abb., 6 Tabellen. DM 14,80

HEFT 1379
Dr. phil. nat. Max Hempel, Max-Planck-Institut für Eisenforschung, Düsseldorf
Dauerschwingfestigkeit bei 20 und 500° C von Stählen mit niedrigem Kohlenstoffgehalt und verschiedenen Titan-Zusätzen
1964. 58 Seiten, 27 Abb., 12 Tabellen. DM 34,—

HEFT 1384
Dr. rer. nat. Hans-Jürgen Engell, Dr. rer. nat. Anton Bäumel und Dr. rer. nat. Konrad Bohnenkamp, Max-Planck-Institut für Eisenforschung, Düsseldorf
Die Spannungsrißkorrosion von Weicheisen in Kalzium-Nitratlösungen
1964. 46 Seiten, 27 Abb., 2 Tabellen. DM 25,50

HEFT 1385
Prof. Dr.-Ing. Helmut Winterhager und Dr.-Ing. Roland Kammel, Institut für Metallhüttenwesen und Elektrometallurgie der Rhein.-Westf. Technischen Hochschule Aachen
Über die elektrochemischen Grundlagen der Zinkchlorid-Schmelzflußelektrolyse
1964. 52 Seiten, 22 Abb., 24 Tabellen. DM 25,50

HEFT 1387
Dipl.-Chem. Wolfgang Werner, im Auftrage der Deutschen Industrie-Werke Aktiengesellschaft, Berlin-Spandau
Verbesserung der Eigenschaften von Sinterteilen durch Nachbehandlung (Oberflächenveredelung, Korrosionsschutz)
1964. 44 Seiten, 21 Abb., 16 Tabellen. DM 23,80

HEFT 1391
Dipl.-Phys. Dr. rer. nat. Ernst Wachtel und Dipl.-Phys. Erich Übelacker, Max-Planck-Institut für Metallforschung, Stuttgart, im Auftrage des Vereins Deutscher Gießereifachleute, Düsseldorf
Messung der Dichte und der magnetischen Suszeptibilität von Zinn-Zink-Legierungen
1964. 42 Seiten, 23 Abb., 4 Tabellen. DM 23,50

HEFT 1398
Prof. Dr.-Ing. Eberhard Schürmann und Dr.-Ing. Horst-Carsten Groth, Institut für Gießereiwesen der Bergakademie Clausthal, im Auftrage des Vereins Deutscher Gießereifachleute, Düsseldorf
Schmelzgleichgewichte im System Eisen-Schwefel-Kohlenstoff-Phosphor und Silizium bei 1400° C
1964. 31 Seiten, 6 Abb., 6 Tabellen. DM 15,50

HEFT 1403
Dr. phil. nat. Gerhard Zapf, Dipl.-Ing. Ulrich Völker und Ing. Rudolf Reinstadtler, im Auftrage der Forschungsgemeinschaft Pulvermetallurgie, Schwelm
Entwicklung von Fertigungsmethoden zur Erzeugung hochfester Sinterteile, Teil I und II
1965. 170 Seiten, 54 Abb., 13 Tabellen, 29 Auswertungstafeln, 55 Diagramme. DM 74,50

HEFT 1414

Prof. Dr. phil. Walter Koch, Dipl.-Phys. Helga Kolbe-Rohde und Dr. rer. nat. Jürgen Dittmann, Max-Planck-Institut für Eisenhüttenwesen der Rhein.-Westf. Technischen Hochschule Aachen

Untersuchungen zur Kinetik der Karbidbildung in Chromstählen

1964. 21 Seiten, 6 Abb., 4 Tabellen. DM 12,—

HEFT 1415

Prof. Dr.-Ing. Dr.-Ing. E. h. Hermann Schenck, Dozent Dr.-Ing. Werner Wenzel und Dr.-Ing. Trimbak Herwadkar, Institut für Eisenhüttenwesen der Rhein.-Westf. Technischen Hochschule Aachen

Stückigmachung von Feinerz auf dem Wanderrost in Gemischen mit Feinkohle

1964. 100 Seiten, 34 Abb., 21 Tabellen. DM 43,80

HEFT 1416

Prof. Dr.-Ing. Dr. h. c. Herwart Opitz und Dipl.-Ing. H. H. Bech, Laboratorium für Werkzeugmaschinen und Betriebslehre der Rhein.-Westf. Technischen Hochschule Aachen, im Auftrage des Vereins Deutscher Gießereifachleute, Düsseldorf

Bearbeitung von Leichtmetallen

1964. 39 Seiten, 22 Abb., 5 Tabellen. DM 26,50

HEFT 1419

Prof. Dr. phil. Adolf Rose, Dr.-Ing. Hans Paul Hougardy und Dr.-Ing. Albert Klein, Max-Planck-Institut für Eisenforschung, Düsseldorf

Der Einfluß der Unterkühlung auf die Kristallisationsformen von voreutektoidisch ausgeschiedenen Phasen und von eutektoidischen Phasengemengen

1964. 83 Seiten, 51 Abb., 4 Tabellen. DM 47,50

HEFT 1420

Prof. Dr. phil. Erich Scheil † und Dr. rer. nat. Hans Leo Lukas, im Auftrage des Vereins Deutscher Gießereifachleute, Düsseldorf

Messung des Dampfdruckes von magnesiumhaltigen Gußeisenschmelzen

1964. 19 Seiten, 8 Abb. DM 12,—

HEFT 1428

Prof. Dr.-Ing. Max Vater, Dipl.-Ing. Gerhard Nebe und Dipl.-Ing. Ansgar Schütza, Institut für Bildsame Formgebung der Rhein.-Westf. Technischen Hochschule Aachen

Mechanische Entzunderung von Blechen und Bändern

1965. 104 Seiten, 124 Abb., 6 Tabellen. DM 66,80

HEFT 1447

Dr. phil. Wolfgang Wepner, Max Planck-Institut für Eisenforschung, Düsseldorf

Restwiderstandsmessungen an reinem Eisen

1964. 23 Seiten, 5 Abb., 2 Tabellen. DM 12,50

HEFT 1448

Dr. rer. nat. Ralf Damm und Dr. rer. nat. Ernst Wachtel, Max-Planck-Institut für Metallforschung, Stuttgart, im Auftrage des Vereins Deutscher Gießereifachleute, Düsseldorf

Magnetische Messungen und kinetische Versuche an flüssigen Wismut–Mangan-Legierungen

1965. 25 Seiten, 9 Abb. DM 12,80

HEFT 1474

Prof. Dr.-Ing. Max Vater, Dipl.-Ing. Gerhard Nebe und Dipl.-Ing. Ansgar Schütza, Institut für Bildsame Formgebung der Rhein.-Westf. Technischen Hochschule Aachen

Beitrag zur mechanischen Entzunderung von Draht

1965. 35 Seiten, 19 Abb. DM 19,80

HEFT 1482

Prof. Dr. Theo Heumann und Richard Schürmann, Institut für Metallforschung der Universität Münster

Über die Beeinflussung der Passivierbarkeit aktiver Metalle durch Zulegieren von Chrom und Nickel

1965. 43 Seiten, 27 Abb. DM 23,50

HEFT 1487

Dr.-Ing. Werner Schwenzfeier und Dr.-Ing. Oskar Pawelski, Max-Planck-Institut für Eisenforschung, Düsseldorf

Glühversuche an Stahldrähten in verschiedenen Ofenatmosphären

1965. 45 Seiten, 34 Abb., 2 Tabellen. DM 25,80

HEFT 1491

Prof. Dr.-Ing. Wilhelm Patterson, Dr.-Ing. Peter Coppetti

Gießerei-Institut der Rhein.-Westf. Technischen Hochschule Aachen

Prof. Dr.-Ing. Dr. h. c. Herwart Opitz

Laboratorium für Werkzeugmaschinen und Betriebslehre der Rhein.-Westf. Technischen Hochschule Aachen

Zerspanbarkeit von Grauguß

1965. 109 Seiten, 54 Abb., 5 Tabellen. 59,50

HEFT 1492

Dr. phil. nat. Max Hempel und Dr. rer. nat. Emil Hillnhagen, Max-Planck-Institut für Eisenforschung, Düsseldorf

Einfluß der Erschmelzungsart auf die Dauerschwingfestigkeit ungekerbter und gekerbter Proben eines Wälzlagerstahles

1965. 63 Seiten, 21 Abb., 12 Tabellen. DM 38,—

HEFT 1495

Prof. Dr.-Ing. Wilhelm Patterson, Dr.-Ing. Helmut Brand und Dipl.-Ing. Heinrich Traßl, Gießerei-Institut der Rhein.-Westf. Technischen Hochschule Aachen

Das Viskositätsverhalten flüssiger Bleilegierungen im Konzentrationsbereich der festen Löslichkeit

1965. 24 Seiten, 9 Abb., 2 Tabellen. DM 13,—

HEFT 1496

Prof. Dr. phil. Karl Löhberg und Dipl.-Ing. Günther Kühl, Institut für Gießereikunde der Technischen Universität Berlin, im Auftrage des Vereins Deutscher Gießereifachleute, Düsseldorf

Einfluß von Magnesium und Cer auf die Viskosität behandelter Gußeisenschmelzen sowie Abbrand des Magnesiums und Änderung des Sauerstoffgehaltes in Abhängigkeit von der Abstehzeit

1965. 26 Seiten, 7 Abb., 5 Tabellen. DM 12,80

HEFT 1502

Prof. Dr.-Ing. Wilhelm Patterson, Dr.-Ing. Walter Koppe und Dr.-Ing. Siegfried Engler, Gießerei-Institut der Rhein.-Westf. Technischen Hochschule Aachen

Untersuchungen zur Erstarrung und Speisung von Gußeisen

1965. 96 Seiten, 51 Abb., 3 Tabellen. DM 52,80

HEFT 1503

Prof. Dr.-Ing. Max Vater, Dipl.-Ing. Gerhard Nebe und Dipl.-Ing. Ansgar Schütza, Institut für Bildsame Formgebung der Rhein.-Westf. Technischen Hochschule Aachen

Beitrag zur Prüfung metallischer Strahlmittel

1965. 77 Seiten, 69 Abb., 11 Tabellen. DM 49,—

HEFT 1534

Prof. Dr. phil. Adolf Rose, Max-Planck-Institut für Eisenforschung, Düsseldorf

Schweißbarkeit und Umwandlungsverhalten der Stähle

1965. 57 Seiten, 20 Abb., 5 Tabellen. DM 39,—

HEFT 1552

Fachausschuß Stahlguß im Verein Deutscher Gießereifachleute, Düsseldorf

Einfluß der Oberflächenbeschaffenheit auf die Dauerfestigkeit von Stahlguß

1965. 38 Seiten, zahlr. Abb. und Tabellen. DM 24,80

HEFT 1571

Dr. phil. Heinz Kudielka und M. *Sc. Teruo Yukitoshi, Max-Planck-Institut für Eisenforschung, Düsseldorf*

Röntgenfluoreszenz-Untersuchungen an kleinen Feststoff-Oberflächen und konzentrierten Salzlösungen

1965. 48 Seiten, 24 Abb., 13 Tabellen. DM 29,50

HEFT 1578

Prof. Dr.-Ing. Franz Bollenrath und Dipl.-Ing. Hugo Feldmann, Institut für Werkstoffkunde der Rhein.-Westf. Technischen Hochschule Aachen

Einfluß der Verformung und Temperatur auf mechanische Eigenschaften von unlegiertem Titan

1966. 103 Seiten, 43 Abb., 11 Tabellen. DM 62,50

HEFT 1580

Prof. Dr.-Ing. Hermann Schenck und Dr.-Ing. Franz Neumann, Institut für Eisenhüttenwesen und Gießerei-Institut der Rhein-Westf. Hochschule Aachen

Über den Einfluß von Zusatzelementen auf das Verhalten des Kohlenstoffs in flüssigen Eisenlegierungen und die Beziehung zu ihrer Stellung im Periodischen System *In Vorbereitung*

HEFT 1589

Prof. Dr.-Ing. Dr.-Ing. E. h. Hermann Schenck, Aachen, Prof. Dr.-Ing. habil. Mathias Nacken, Aachen, Dr.-Ing. Ernst Potthast, Völklingen, und Dipl.-Phys. Edith Butenuth, Aachen.

Institut für Eisenhüttenwesen der Rhein.-Westf. Technischen Hochschule Aachen

Untersuchungen über die Existenzbereiche der Eisenkarbide mit Hilfe der Elektronenmikroskopie und Elektronenbeugung

HEFT 1591

Prof. Dr.-Ing. Wilhelm Patterson und Dozent Dr.-Ing. Siegfried Engler, Gießerei-Institut der Rhein.-Westf. Technischen Hochschule Aachen

Volumendefizit und Lunkerung bei der Erstarrung von Metallen

1966. 51 Seiten, 29 Abb., 5 Tabellen. DM 31,—

HEFT 1592

Prof. Dr.-Ing. habil. Dr. h. c. Max Fink und Dr.-Ing. Alfred E. Steinegger, Institut für Fördertechnik und Schienenfahrzeuge der Rhein.-Westf. Technischen Hochschule Aachen.

Direktor: Prof. Dr.-Ing. habil. Dr. h. c. Max Fink und Forschungsinstitut der Gesellschaft zur Förderung der Glimmentladungsforschung e. V., Köln.

Direktor: Prof. Dr. Martin Schmeisser

Die Erscheinung der Reiboxydation an ionitrierten Stahloberflächen

1965. 83 Seiten, 10 Abb., 16 Tabellen, 15 Tafeln. DM 49,50

HEFT 1615

Prof. Dr.-Ing. Wilhelm Patterson und Dozent Dr.-Ing. Siegfried Engler, Gießerei-Institut der Rhein.-Westf. Technischen Hochschule Aachen

Die »gerichtete Erstarrung« als Voraussetzung zur Herstellung dichter Gußstücke

1966. 33 Seiten, 17 Abb., 2 Tabellen. DM 18,—

HEFT 1617

Dr.-Ing. Alfred F. Steinegger und Dipl.-Ing. Josef Kläusler, Forschungsinstitut der Gesellschaft zur Förderung der Glimmentladungsforschung e. V., Köln

Direktor: Prof. Dr. Martin Schmeißer

Untersuchung der Notlaufeigenschaften inoitrierter Laufflächen bei gleitender Reibung

1966. 39 Seiten, 28 Abb., 5 Tabellen. DM 24,20

HEFT 1622

Prof. Dr.-Ing. Wilhelm Patterson, Prof. Dr.-Ing. Hermann Schenck und Dr.-Ing. Franz Neumann Gießerei-Institut der Rhein.-Westf. Technischen Hochschule Aachen und Institut für Eisenhüttenwesen der Rhein.-Westf. Technischen Hochschule Aachen

Einfluß der Eisenbegleiter auf Kohlenstofflöslichkeit, Kohlenstoffaktivität und Sättigungsgrad im Gußeisen *In Vorbereitung*

HEFT 1626

Prof. Dr.-Ing. Dr.-Ing. E. h. Hermann Schenck, Dozent Dr.-Ing. Werner Wenzel, Dr.-Ing. B. R. Rajasekhar und Dipl.-Phys. Franz Rudolf Block, Institut für Eisenhüttenwesen der Rhein.-Westf. Technischen Hochschule Aachen

Das metallurgische und elektrische Verhalten von Koks, insbesondere von Erzkoks, unter den realen Bedingungen des elektrischen Niederschachtofens

HEFT 1627

Prof. Dr.-Ing. Dr.-Ing. E. h. Hermann Schenck, Dozent Dr.-Ing. Werner Wenzel und Dr.-Ing. Karl-Heinz Kleemann, Institut für Eisenhüttenwesen der Rhein.-Westf. Technischen Hochschule Aachen

Entzinkung von Gichtstaub im Schmelzsyklon

1966. 82 Seiten, 33 Abb., 2 Tabellen. DM 43,40

HEFT 1628

Prof. Dr.-Ing. Wilhelm Patterson und Dr.-Ing. Wolfgang Standke, Gießerei-Institut der Rhein.-Westf. Technischen Hochschule Aachen, in Zusammenarbeit mit dem Verein Deutscher Gießereifachleute, Düsseldorf

Einfluß der Einsatzstoffe, der Schmelzführung im Induktionsofen und der Impfbehandlung auf das Gefüge und die mechanischen Eigenschaften von Gußeisen mit Lamellengraphit *In Vorbereitung*

HEFT 1629

Priv.-Dozent Dr.-Ing. Franz Neumann, Prof. Dr.-Ing Wilhelm Patterson und Dipl.-Ing. Dieter Albrecht Gießerei-Institut der Rhein.-Westf. Technischen Hochschule Aachen

Gleichgewichtsuntersuchungen über den gemeinsamen Einfluß von Mangan und Schwefel auf das physikalisch-chemische Verhalten des im flüssigen Eisen gelösten Kohlenstoffs im Bereich der Kohlenstoffsättigung *In Vorbereitung*

HEFT 1630

Prof. Dr.-Ing. Helmut Winterhager, Dr.-Ing. Lothar Greiner und Dr.-Ing. Roland Kammel, Institut für Metallhüttenwesen und Elektrometallurgie der Rhein.-Westf. Technischen Hochschule Aachen

Untersuchungen über die Dichte und die elektrische Leitfähigkeit von Schmelzen der Systeme $CaO—Al_2O_3—SiO_2$ und $CaO—MgO—Al_2O_3—SiO_2$

HEFT 1659

Prof. Dr.-Ing. Wilhelm Patterson und Dr.-Ing. Dietmar Boenisch, Gießerei-Institut der Rhein.-Westf. Technischen Hochschule Aachen

Die Wasserbindung an Tonen und ihre Bedeutung für die Fertigkeit des Gießereiformsandes

In Vorbereitung

HEFT 1695

Dr. rer. nat. Dietrich Meinhardt, Max-Planck-Institut für Eisenforschung, Düsseldorf

Strukturbestimmung durch Kernstreuung und magnetische Streuung thermischer Neutronen

In Vorbereitung

Verzeichnisse der Forschungsberichte aus folgenden Gebieten können beim Verlag angefordert werden:

Acetylen/Schweißtechnik – Arbeitswissenschaft – Bau/Steine/Erden – Bergbau – Biologie – Chemie – Druck/Farbe/Papier/Photographie – Eisenverarbeitende Industrie – Elektrotechnik/Optik – Energiewirtschaft – Fahrzeugbau/Gasmotoren – Fertigung – Funktechnik/Astronomie – Gaswirtschaft – Holzbearbeitung – Hüttenwesen/Werkstoffkunde – Kunststoffe – Luftfahrt/Flugwissenschaften – Luftreinhaltung – Maschinenbau – Mathematik – Medizin/Pharmakologie – NE-Metalle – Physik – Rationalisierung – Schall/Ultraschall – Schiffahrt – Textilforschung – Turbinen – Verkehr – Wirtschaftswissenschaften.

WESTDEUTSCHER VERLAG · KÖLN UND OPLADEN
567 Opladen/Rhld., Ophovener Straße 1–3

GPSR Compliance
The European Union's (EU) General Product Safety Regulation (GPSR) is a set of rules that requires consumer products to be safe and our obligations to ensure this.

If you have any concerns about our products, you can contact us on

ProductSafety@springernature.com

In case Publisher is established outside the EU, the EU authorized representative is:

Springer Nature Customer Service Center GmbH
Europaplatz 3
69115 Heidelberg, Germany

www.ingramcontent.com/pod-product-compliance
Ingram Content Group UK Ltd.
Pitfield, Milton Keynes, MK11 3LW, UK
UKHW061658190726
13853UKWH00008B/2278

* 9 7 8 3 6 6 3 0 6 6 1 1 8 *